失われた川を読む・紡ぐ・愉しむ

東京暗渠学

TOKYO ANKYOLOGY

改訂版

本田創 著

実業之日本社

はじめに

今から100年ほど前まで、東京都内には数千本の川や上水路・用水路・運河・堀割が流れていた。しかし東京の都市の発展とともに、その多くが水面を失い、姿を消した。本書『失われた川を読む・紡ぐ・愉しむ　東京暗渠学　改訂版』は、これらの東京の失われた川――暗渠について、空間・時間・景観の三つの軸からアプローチし、体系的にその姿をひもといていこうとするものだ。なお本書は、2017年8月に刊行された『東京暗渠学』（洋泉社刊。以下「オリジナル版」と表記）に、大幅に加筆・増補を加えた改訂版である。

本書の構成

第1部では、暗渠の「空間」としての広がりを、地形のレイヤーや、いくつかに類型化できる水路網としての観点からひもといた。第2部では、暗渠が積み重ねてきた「時間」のうち、人と川とのかかわり方の変化がもたらした暗渠化の歴史について紹介した。そして第3部では、暗渠固有の「景観」をてがかりとして、暗渠に潜む「空間」と「時間」の記憶を探った。実際に歩く際のガイドとしても活用できるように、各部では理論編として冒頭の章で概論を記したのちに、実践編として続く各章で都内各地の暗渠を取り上げ具体的に紹介してある。

タイトルに「学」とつけており、体系的な構成にはなっているものの、襟を正して最初から通しでお読みいただく必要はない。それぞれの章は独立して読めるようになっているので、興味のある章や、馴染みのある場所が記載された章から読み進めていただければ幸いだ。

改訂版にあたって

改訂にあたっては、全面的なアップデートとブラッシュアップを行った。各部の概論は、2023年1月に4回にわたって放送したNHKラジオ講座「水のない川　東京暗渠案内」での講義をベースとし、全面的に見直している。また、実践編で取り上げた全20エリアの暗渠については、現地をすべて再取材して追記修正を行い、新たに2エリアを入れ替えた。

ほとんどの写真は再撮影を行い、より鮮明なものとした。また、可能な限り同じ場所、同じアングルとなるようにしてあるので、オリジナル版をお持ちの方は、並べてみることで、定点観測が楽しめるようになっている。時の流れを経てどれだけ景観が変わっているのか、ぜひ確かめていただきたい。

地図についても、地理院地図Vectorを利用し、筆者が作成した。表示されている暗渠の流路は筆者の調査によるものだ。より精緻なものとなっており、深くお楽しみいただけるかと思う。

既刊書に対する位置づけ

前著『水のない川　暗渠でたどる東京案内』（2022 山川出版社）は古地図や資料を中心に掲載し、掲載エリアを絞り込んで、読み物として位置付けた。また「東京「暗渠」散歩　改訂版」（2021 実業之日本社）は、多くの暗渠を収録し、ガイドとして活用できるような体裁をとった。

これに対して本書では、写真を中心とし各地の暗渠を取り上げながらも、体系的な構成となっており、読み物として愉しむことも、ガイドブックとして活用することもできる。なお、取り上げた暗渠については、一部をのぞき両書と重複しないようにセレクトした。

読む、紡ぐ、愉しむ

本書に目をお通しいただき、気になる暗渠があったならば、ぜひ実際に本書を片手にたどっていただければと思う。それぞれの暗渠には、拙文では伝えきれない魅力や、実際に歩いて体感することでわかる面白さがある。暗渠の各所に潜む、人と水、水と土地のかかわりの記憶を読み取ってみよう。そしてその後でもう一度読み直していただくことで、空間のつながりや広がり、時間の奥行きとして紡がれた暗渠の愉しみが、よりわかることだろう。

第2部　暗渠に重なる時間

第3部　景観からひもとく空間と時間

終章

序章　暗渠とは何か——景観から空間へ

街に潜む川の跡——暗渠

東京の街を歩いているとき、何かしら違和感のある道や景観に遭遇することはないだろうか。大通りの傍らに面した、車止めの立つひっそりとした路地の入り口や、住宅地を縫うように続く緑道や、家々の裏手に潜んだ、細長い空き地といったような場所だ。

その路面に目を向けると、コンクリートの板がずらっと並んでいたり、「水路敷」の文字がペイントされていることもある。これらは周囲の区画とは関係なく曲がりくねっていたり、周囲より少し凹んで低くなっている場合も少なくない。川がないのに橋の欄干

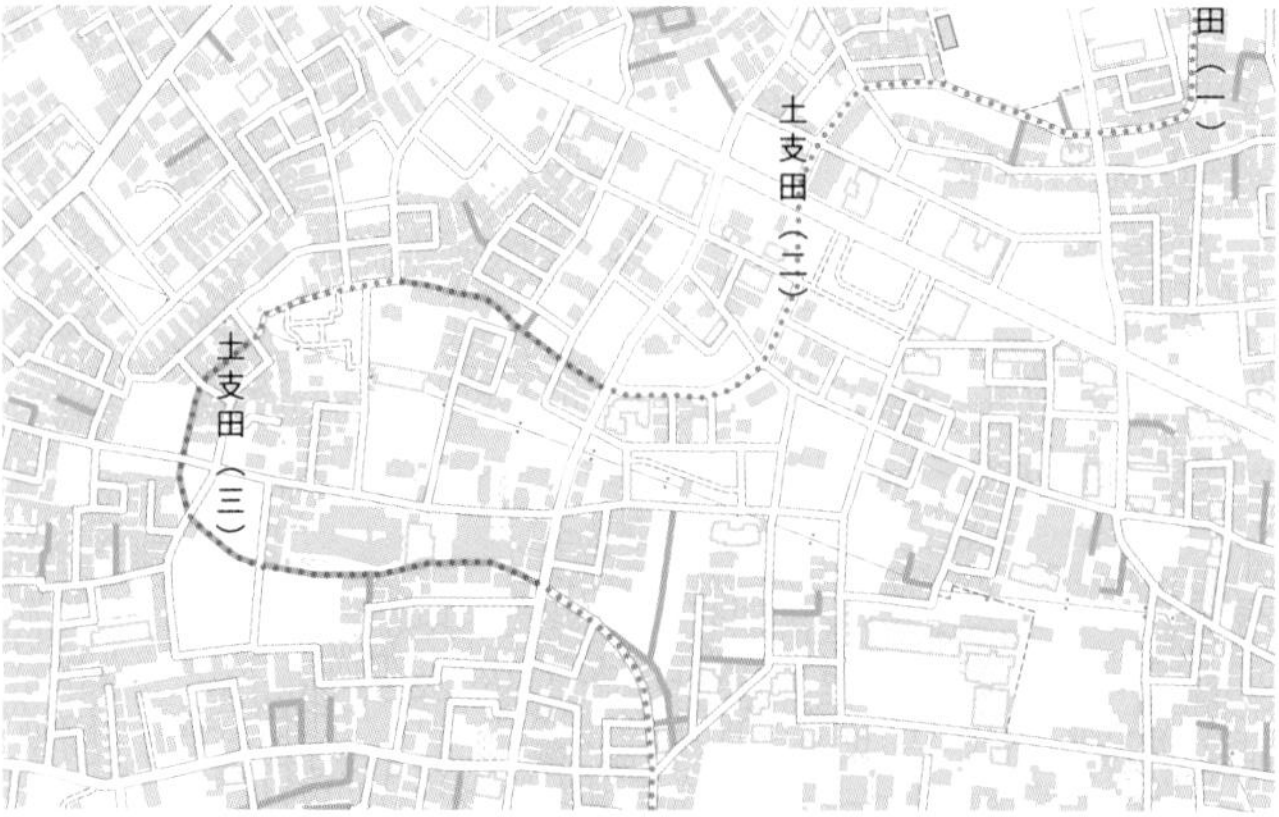

図1　大きく迂回するΩ型の道が、地図で違和感を放つ（練馬区土支田）。

があることもあるだろう。苔が生えていたり、アスファルトの隙間から草が生えていたりと、妙に水の気配が感じられることもある。

　また、地図を眺めていても、周囲の道路とは関係なく曲がりくねっている道や、延々と続く緑地に気がつくこともあるだろう。

　これらはいずれも、かつて川が流れていた痕跡であることが多い。そこに流れていた川は、蓋をされたり、土管を埋め込まれたりして、地中へ潜っている。このような川の流路の痕跡を、この本では以下、「暗渠」

図2　直線的な街路区画の中で一つだけ、くねくねと曲がる道路がある（文京区千駄木）。

①街中に唐突に現れる水面のない橋。（品川区西品川。現在橋は移転）

②車止めの置かれた路地にコンクリートの板が並ぶ。（杉並区天沼）

③路上に書かれた「水路敷」の文字。（練馬区富士見台）

④賑やかな表通りから少し傍らに入った路地に車止めが並ぶ。（渋谷区神宮前）

と呼ぶ。

機能としての「暗渠」

「暗渠」とは本来、蓋をされた河川や、地中に埋没した水路を指す言葉だ。この定義から一般的に思い出されるのは、トンネル状になっている地下の空洞を、水が流れているような場所だろう。例えば、渋谷駅南口に口を開く渋谷川の暗渠や、国道246号の池尻大橋付近で見られる、目黒川の暗渠の入り口の先に続く地下空間などだ。あるいは水道橋駅付近で見られるような、神田川沿いの道路の下に洪水対策で川に並行して造られた地下分水路といったようなものもある。

こういった、地下の様子から見た「暗渠」は、大きく二つに分類することができる。

まず、もともとは地上に露出していた川や水路に蓋掛けをして暗渠としたものだ。これらは、蓋をしただけで引き続き川として流れていることもあれば、暗渠化を機に改修し、雨水路や下水幹線といった下水道として転用されていることもあるだろう。

次に、始めから地下の水路として存在しているものだ。もとからあった水路を埋め立てたうえで、改めて造り直したものや、それとは別に、地下に新たに設置されたバイパス水路、地上の河川とは何ら関係のない地下水路などが、例としてあげられる。

いずれにしても、本来の意味での「暗渠」とは、水路として機能していることがポイントだ。(なお、農地などに、水はけをよくするために埋められる地下の排水管も、暗渠と呼ばれる。)

⑤渋谷駅前で暗渠から姿を現す渋谷川。(渋谷区渋谷)

⑥神田川水道橋分水路は、神田川に並行する道路沿いの地下に造られたバイパス水路だ。(文京区後楽)

景観としての「暗渠」

一方、本書では、冒頭に記したような川や水路の流路の痕跡、つまり「かつて川や水路が流れていた空間」で「現在でもその流路（ルート）が確認できるもの」を、暗渠として捉えたい。機能としてではなく、景観として暗渠を見ていくということだ。地下の様子ではなく、地上の様子を見た定義であるとも言い換えられるだろう。

この場合は、地中にあるべき水路が埋め立てられていて存在しなかったり、あったとしても途中で分断されたりしているような、本来の暗渠の意味には当てはまらないものも含まれることになる。厳密にいえばこれは間違った用法となってしまうのだろう。だが、「暗渠・川跡・水路跡」などと併記することの煩雑《はんざつ》さを避けるための便宜的な用法として、また、覆われたり埋められたりして失われた水の流れを、目に見えない川として捉えていくという視点から、このように定義す

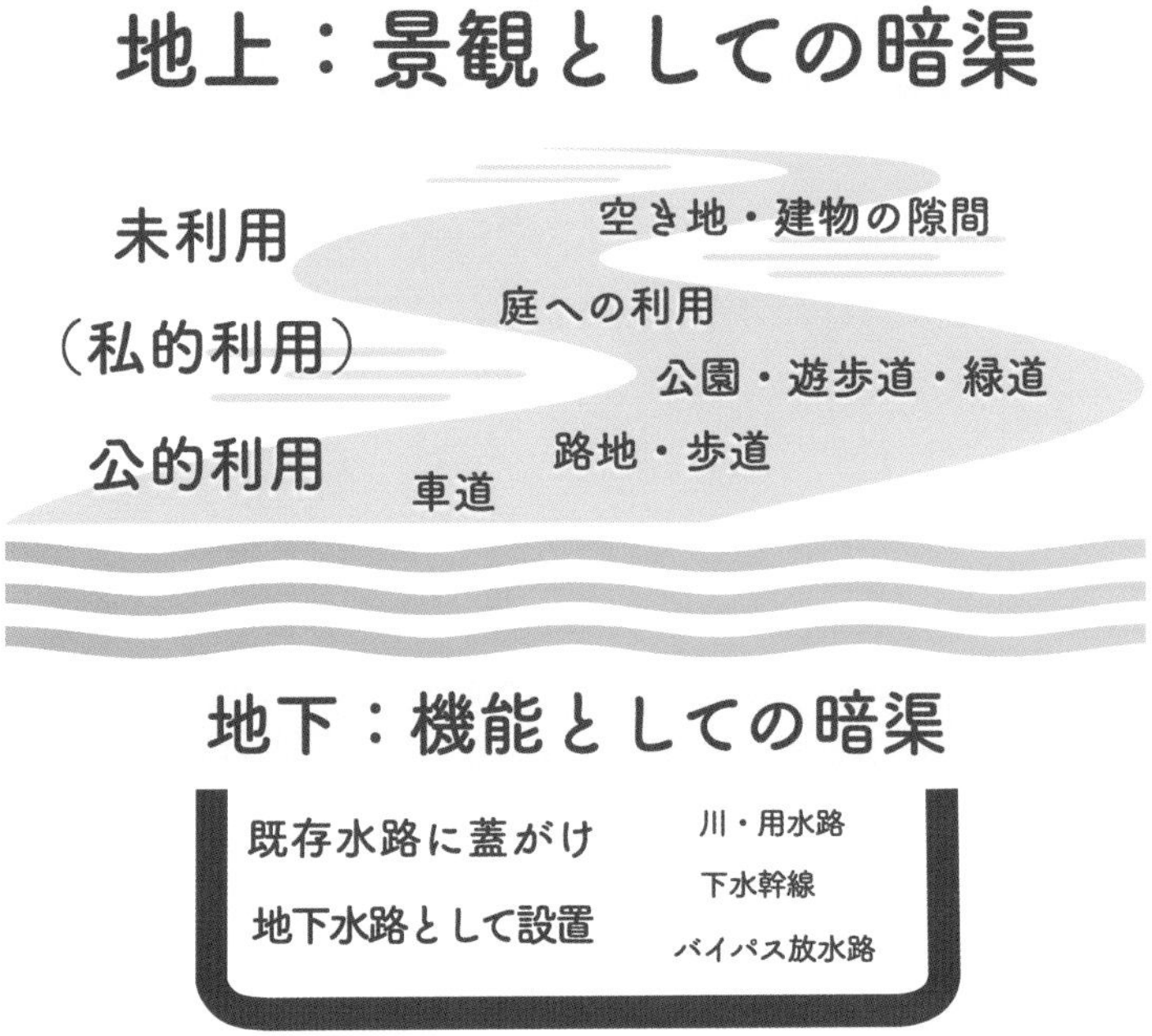

図3　暗渠を景観として捉えた場合と機能で捉えた場合の分類。本書では暗渠を景観としての側面から見ていく。

⑧暗渠の路地に並ぶ植木鉢。隣接する民家から、私空間がはみ出している。（新宿区新宿）

⑨暗渠が児童遊園に利用されており、橋跡も残る。（新宿区西新宿。現在遊具は撤去）

⑦新宿御苑の東側に沿って、広大な暗渠の空き地が続いている。（新宿区内藤町）

⑪家々が背を向け、存在が忘れられたかのような暗渠。（杉並区阿佐ヶ谷北）

⑩曲がりくねった暗渠の緑道。敷石の隙間を苔が埋める。水の気配が濃厚だ。（品川区小山台）

⑬道路の両側に建つ橋跡の親柱が、ここが暗渠であることを示している。（渋谷区神宮前）

⑫緑道として整備された暗渠。（練馬区北町）

ることをお許しいただきたい。

地上の景観から暗渠を捉えた場合、その見え方は、用途の切り口から、大きく三つに分類されるだろう。

まずは、水面はなくなってしまったが、空間が丸ごと残っているケースだ。蓋が掛けてあったり、ただの空き地になっていたり、ほかの用途として何も使われていない状態である。

そして、路地や歩道、緑道や遊歩道、公園、ふつうの道路になっているケースもある。これらは暗渠を公的な空間に転用した状態といえよう。暗渠を通行できることから、容易に確認したりたどったりすることができるが、通常の道に溶け込んで、区別がつきにくくなっているようなこともある。

さらにこれらの中間の状態として、暗渠上に暗渠沿いの家々の私的空間がはみ出しているようなケースがある。これは、未利用の空間が時とともになし崩しに、庭や出入り口に使われているような場合もあれば、路地などの公的な場所ではあるけれど、道端に植木鉢を並べるなどその境界が曖昧になっている場合もある。ときには建物がはみ出していたり、かつての水路の幅に家が建っていたりすることもある。

点から線へ、線から面へ

このような、景観としての暗渠をひとたび意識し始めると、何気なく見過ごしていた日常の風景のあちこちに、暗渠が潜んでいることに気づくだろう。

それはまず、風景の中で「点」として捉えられる。眺めているだけならそれは平面の中の「点」に過ぎないが、そこに足を踏み入れ実際に暗渠をたどっていくと、視点が連続的に移動することで「点」が「線」へと変わっていく。

水が必ず高いところから低いところへと流れていくように、かつて水が流れた痕跡である暗渠もまた、低い場所を選んで下っていく。坂道に囲まれた明確な谷筋から、歩いてみて初めてわかる微地形まで、周囲より低いところに暗渠は潜んでいる。そしてその景観は、川に流されていくように、もしくは川を遡上《そじょう》するようにつながっていくのだ。

　暗渠沿いには、表通りでは見られない、時間に取り残されたような風景が垣間見られる。川が流れていた頃の橋跡や護岸もあれば、水の記憶を宿しひっそりと残る湧き水や井戸も、ときには目にするだろう。これらはふだんの生活の中ではなかなか見かけない風景だ。

　一方で、暗渠が表通りと交差するところでは、見慣れた風景がふいに現れるかもしれない。知っている場所も、知らなかった場所も、それぞれ別々の場所として捉えていた個々の風景は、かつての川の跡＝暗渠という一つの線上に関連づけされ、高低差の順にソートされ、数珠つなぎにプロットされていく。

　さらに、「線」は「空間」へと広がっていく。通常の川と同様、失われた川である暗渠も、いくつもの支流の暗渠を集め一つにまとまって、さらに川や海へとつながっているからだ。暗渠の「線」は、空間的な広がりを持つ「面」となっていく。

　暗渠をたどることは、地形に沿って土地をたどることでもある。従って、この「面」は平面ではなく、地形を反映した立体的な空間として捉えられる。この立体的なレイヤー（層）に着目したとき、今まで見えていなかった地理空間が東京の街に立ち上がってくる。それは地形を無視して通っている鉄道網や道路網といったレイヤーによって把握される街の空間とは異なっている。例えば町名や坂の名前などの地名が、暗渠のレイヤーを意識することによって、単なる名前ではなく、地形と結びついて立体的に浮かび上がってきたりもする。

　こうして暗渠のつながりは線を描き、平面をかたちづくり、空間をもたらす。第1部では空間軸から東京の暗渠を概観し、その特性を見ていこう。

第1部 東京の暗渠空間

1 東京の暗渠空間——多層的なレイヤーと水路網の広がり

東京を覆っていた水系

東京の暗渠は、ほかの地域と比較して「失われた川」や「水路の痕跡」としての暗渠が大半を占めているのが特徴だろう。東京にはかつて、数千本に及ぶ水路が流れていた。湧き水から流れ出すせせらぎや、林を流れる小川、田畑を潤す用水、街並みの中の堀割など、川幅にして数十センチのものから十数メートルのものまで、その姿もさまざまだった。これらは東京の町が発展していく中で、蓋をされたり、下水道に転用されたり、埋め立てられたりして、暗渠になってしまった。

これらの暗渠をたどっていくと、まずは一つ一つが「線」として存在しているが、やがてほかの暗渠や川につながっていたり、直接海へとたどり着いたりと「面」の広がりを持っていることがわかる。そして、これらをつなぎ合わせていくと、かつて東京を覆い尽くしていた失われた水の空間が「レイヤー」として立ち現れてくる。水は高いほうから低いほうへ流れるという自然の原理に従い、この暗渠のレイヤーは地形の高低差をなぞるように広がっているという特徴を持つ。

地形を浮かび上がらせる暗渠——谷を結ぶ自然河川のレイヤー

この特徴が端的に現れるのが、武蔵野台地の東側、いわゆる山の手エリアだ。一帯は起伏に富んだ複雑な地形となっている。淀橋台《よどばし》や荏原台《えばら》、成増台《なります》は、形成時期が古く、鹿の角のように深く複雑な谷戸を持つ台地だ。一方、本郷台《ほんごう》、豊島台《としま》、目黒台などは、主に東西に延びる浅い谷戸をいくつか持つ台地である。台地に刻まれた谷や台地の境目の谷に集まる水は、無数の川となって台地を分かち、谷筋を低地へ向かってまとまりながら下っていった。

成増台と豊島台を分ける石神井川《しゃくじいがわ》、豊島台と淀橋台を分ける神田川、淀橋台を刻む渋谷川（古川）、淀橋台と目黒台を分ける目黒川、目黒台と荏原台を分ける立会川《たちあいかわ》、荏原台を刻む内川、荏原台と久が原台を分ける呑川《のみかわ》といった川それぞれが、いくつもの支流を集めていた。

これらの流れの大部分は暗渠となって水面を失い、石神井川と神田川（およびその支流である善福寺川、妙《みょう》正寺川《しょうじかわ》）だけが、今でも水面が残っている。渋谷川、目黒川、立会川、内川、呑川といった川は、かろうじて下流部のみが残されている。しかし、地図上に暗渠化された川を復元していくと、失われた水系がいかに広がりを持っていたかがわかる。失われた水系が織りなすレイヤーは、台地に刻まれた谷筋を、その特徴とともにくっきりと炙りだす（図1）。

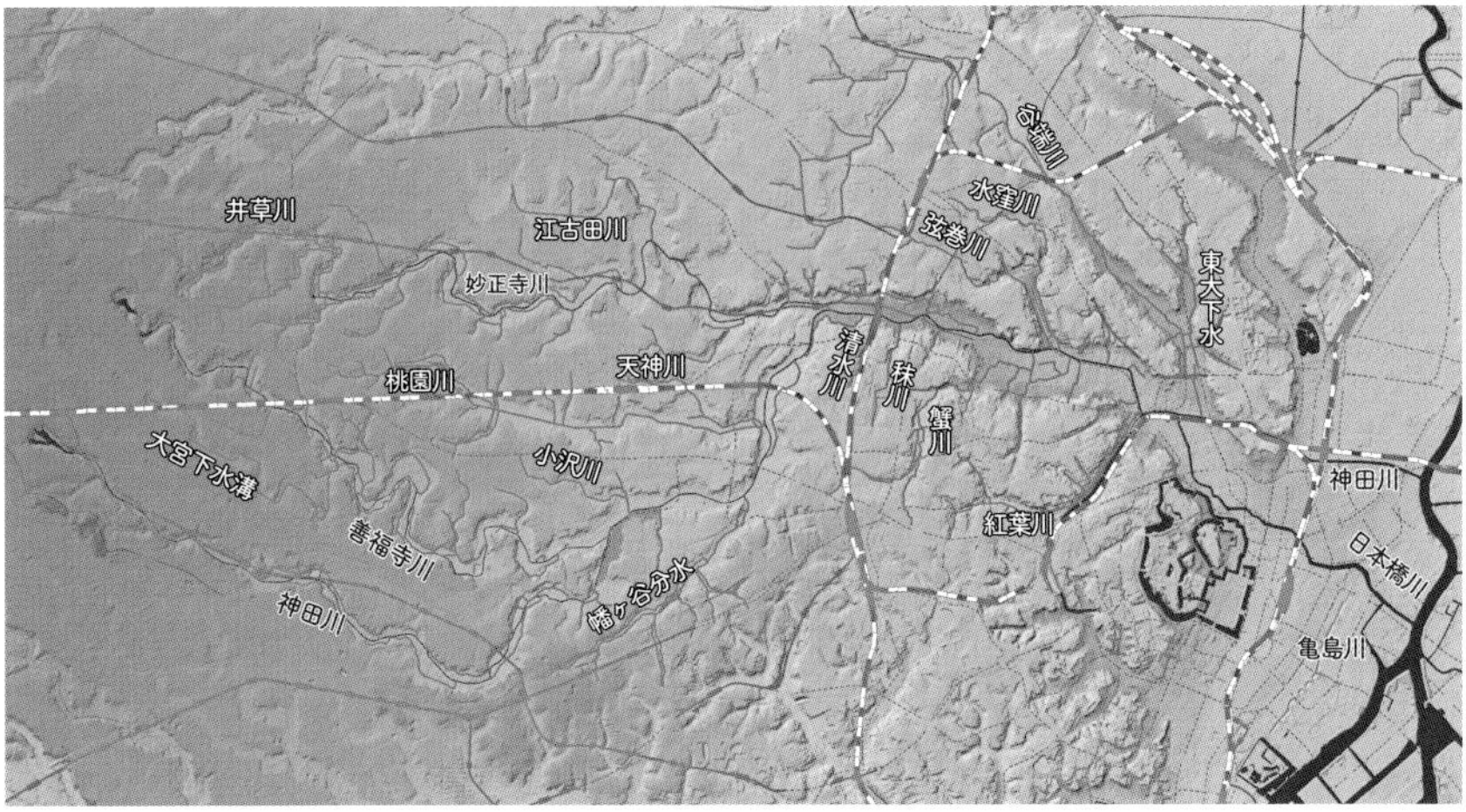

図1　神田川の水系
谷を結ぶ自然河川のレイヤーの例として、神田川水系の流路図をあげた。今も流れる神田川、善福寺川、妙正寺川、日本橋川、亀島川（青字表記）のほかに、暗渠になった数多くの川が地形に沿った水系をなしていた。

台地上の暗渠
——尾根を結ぶ玉川上水のレイヤー

東京の山の手には、谷や低地を結ぶ川や暗渠だけではなく、台地の上の高いところにも、水路や暗渠が存在する。それは飲用や灌漑用の水を運んでいた人工の水路「玉川上水《たまがわじょうすい》」とそこからの分水だ。

玉川上水は、江戸の上水道として江戸時代前期に引かれた。多摩川の水を東京都西部の羽村市にある取水堰で取り入れ、武蔵野台地上の43キロの区間を四谷大木戸まで東進した。台地の上を通したのは、はるか遠くの江戸市中まで水を届け、さらに広い範囲に給水するためだ。上水は、四谷大木戸までは開渠で、それより先は地下に埋められた木樋《もくひ》や石樋を通して、主に江戸城の西側から南側のエリアに給水していた。

玉川上水からは数多くの分水路が引かれた。代表的なものは品川用水、三田用水、千川上水といった分水だ。当初は飲用や大名屋敷の庭園の泉水《せんすい》に、そしてのちには多くが灌漑《かんがい》用として利用されたこれらの分水も

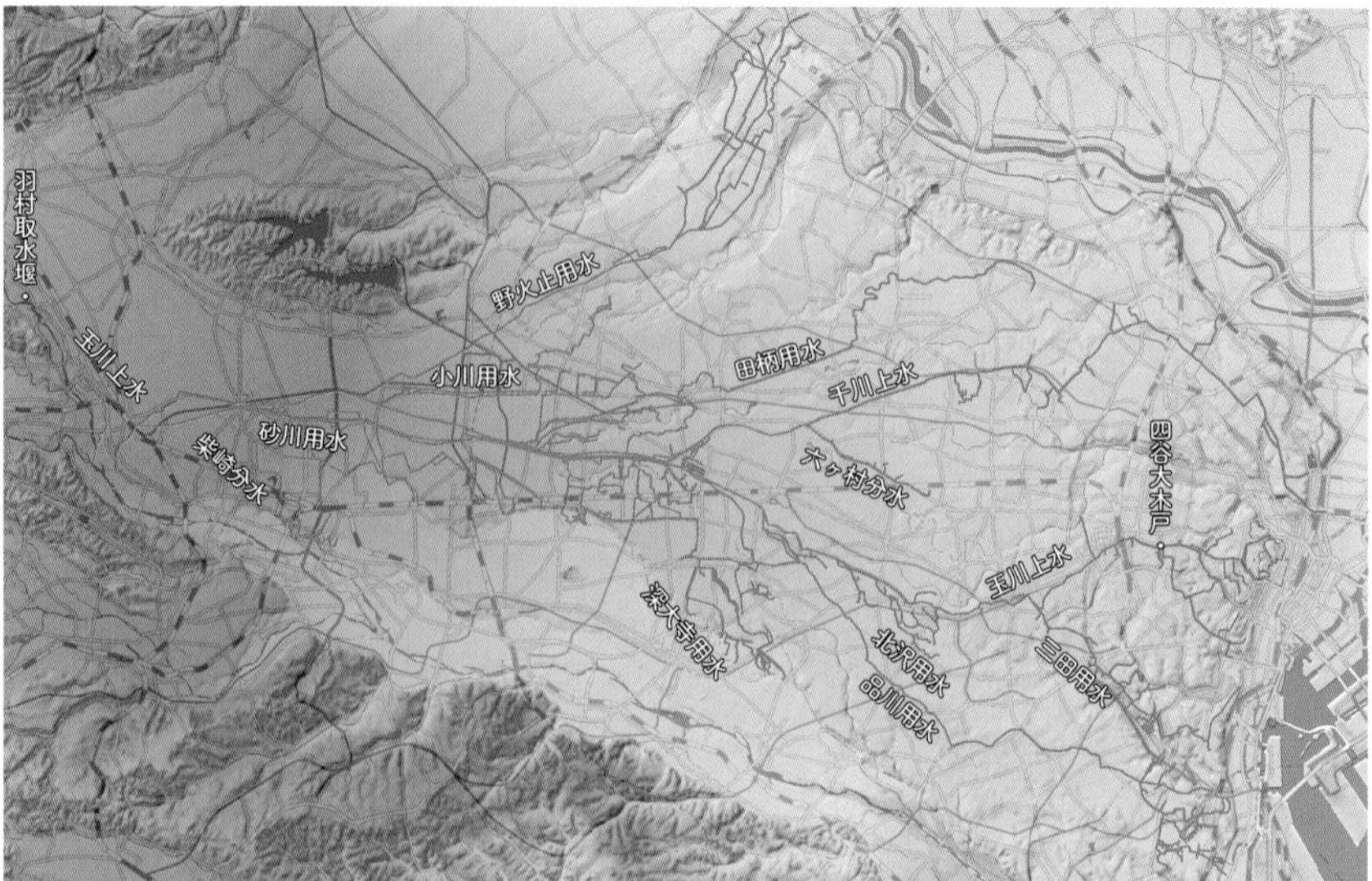

図2　玉川上水
玉川上水から多くの分水路が枝分かれしていた。その大部分が谷を避け、台地の高いところを通っていた。

また、遠くまで水を届けるため、台地上を通された。水路は台地を刻む谷戸とそこを流れる川を避け、それぞれの河川の分水界を縫うように通された。つまり、自然の川とは真逆に、その地域でもっとも高い尾根のような場所を通っていたことになる。

玉川上水からはほかにも、武蔵野台地中部の新田集落の生活用水として小川用水、砂川用水、田無用水などといった分水が引かれた。その数はもっとも多い時期で三十数本に及んだという。これらの分水も、基本的には台地上のわずかな凹凸を避けて通されている。このように、武蔵野の台地上には、尾根を結んだ玉川上水のレイヤーが、開いた掌《てのひら》のように広がっていた（図2）。

動脈と静脈の水路網
——二つのレイヤーを結ぶネットワーク

この、谷戸を流れる自然河川のレイヤーと、台地上を流れる玉川上水のレイヤーは、それぞれの末端で接続されていた。三田用水や千川上水などからは、谷戸

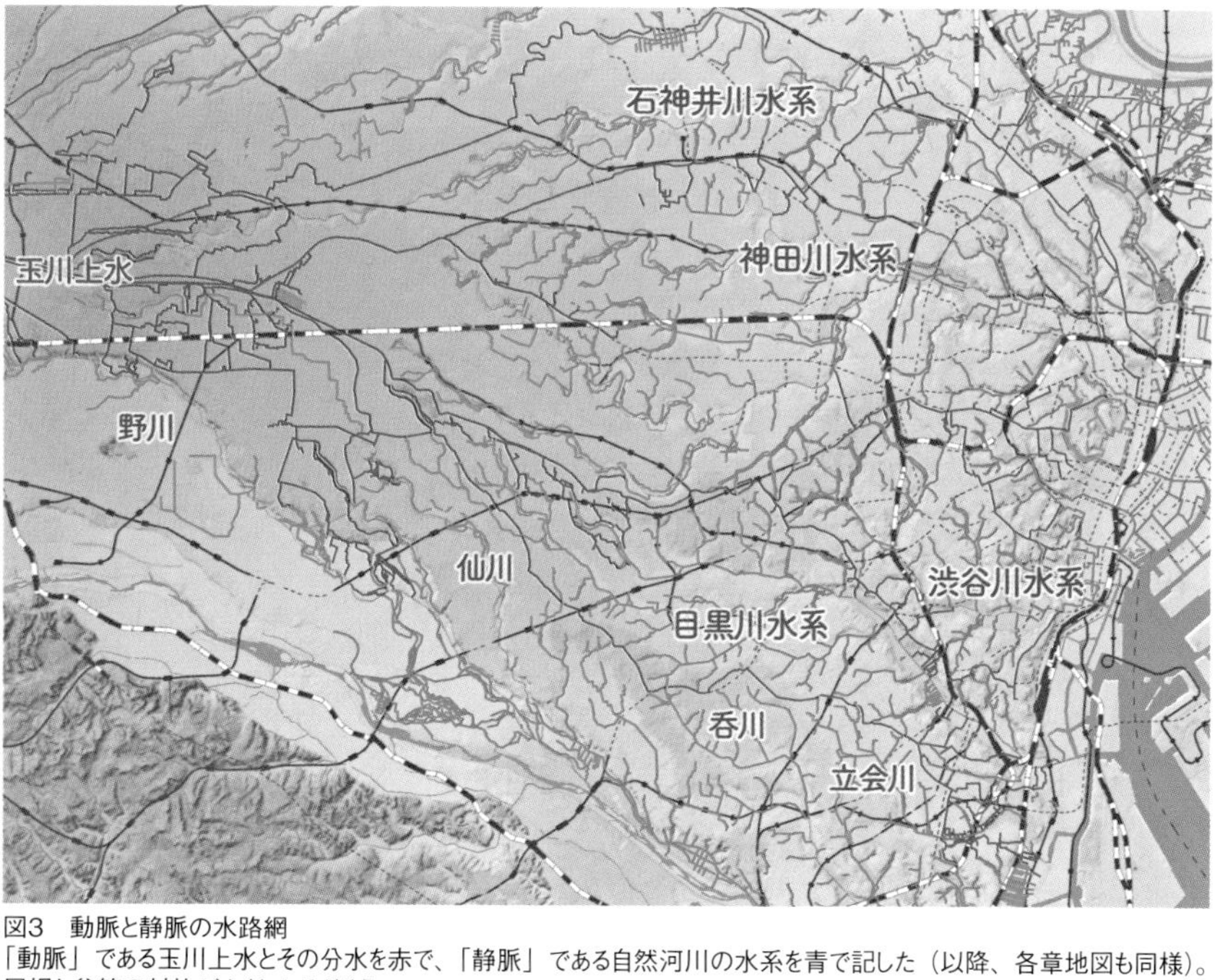

図3　動脈と静脈の水路網
「動脈」である玉川上水とその分水を赤で、「静脈」である自然河川の水系を青で記した（以降、各章地図も同様）。尾根と谷筋の対比がよくわかるだろう。

や低地に拓かれた水田に水を引き入れるため、さらに分水が分けられて谷に導かれていった。それらの水は灌漑や生活用に使われたのち、自然河川へと流され、さらにより大きな川へと収束していく。それはあたかも「動脈」と「静脈」のような関係を持つネットワークだったといえる。そこには公式な分水だけではなく、非公式な分水や漏水、あるいは用水路から地中に滲み出した水によって涵養《かんよう》された湧水も含まれていた。

武蔵野台地の地形的な特徴を反映したこの水路網は、昭和に入り用水路の送水が次々にストップしたこと、そして河川の暗渠化が進んだことで、今では大部分が消滅してしまった。しかし、暗渠に姿を変えたこの失われた水路網に目を向けると、東京山の手の台地と谷戸の二つの面で形成された特徴的な地形がはっきりと浮き彫りになる（図3）。

水系と水路網
——人と川とのかかわりから生まれた五つの水路網

この「動脈と静脈の水路網」でもわかるように、一つ一つの川や水路がとっているルートに目を向けてみると、それらの多くは人と水とのかかわりの歴史の中で、その流れを定めてきたという側面を持っている。上水や用水、水運を目的として開削された水路はもちろん、自然の川であっても、人々の日々の営みの中で利用しやすいように、川岸を改修されたり、流路を変えられたり、ときにはつなぎ直されたりと、人の手が加えられてきた。

自然にかたちづくられた「水系」に対し、このように人の手が加えられた流路のまとまりとつながりを、本書では「水路網」と呼んでいる。自然や地形にかたちづくられた「水系」を骨格としながらも、そこからいかに水の恵みを取り入れるか。そのような観点から、東京の「水路網」が形成されてきたといえる。

東京を覆っていた水路網は、大きく分けて五つのタイプにグループ化できる。①動脈と静脈の水路網、②根と枝葉型の水路網、③放射型の水路網（竹箒型の水路網）、④拡散―収束型の水路網（紡錘形の水路網）、⑤堀割の水路網だ（図4）。二つ目以降の水路網のタイプについても、以下説明していこう。

根と枝葉型の水路網

武蔵野台地の東に広がる東京低地には、武蔵野台地の動脈と静脈の水路網とは異なった構造を持つ水路網が広がっていた。このエリアではすぐ近くに多摩川や隅田川といった川は流れていたが、水面が低く直接水を引き入れるのが困難だった。そこで台地から低地に流れ出る小川や、遠く離れた高低差を確保できる場所から取水して水路を引き、台地から低地に出る地点で一気に水路を分岐し、低地に広がる水田に水を供給するかたちの水路網が造り上げられた。

この水路網は木の「根と枝葉」に喩えられる。自然の川や支流から水を集めて、一つの流れにまとまっていく区間が水を吸い上げる「根」に、その水を運搬し低地の水田地帯まで運ぶ水路が「幹」に、低地で分か

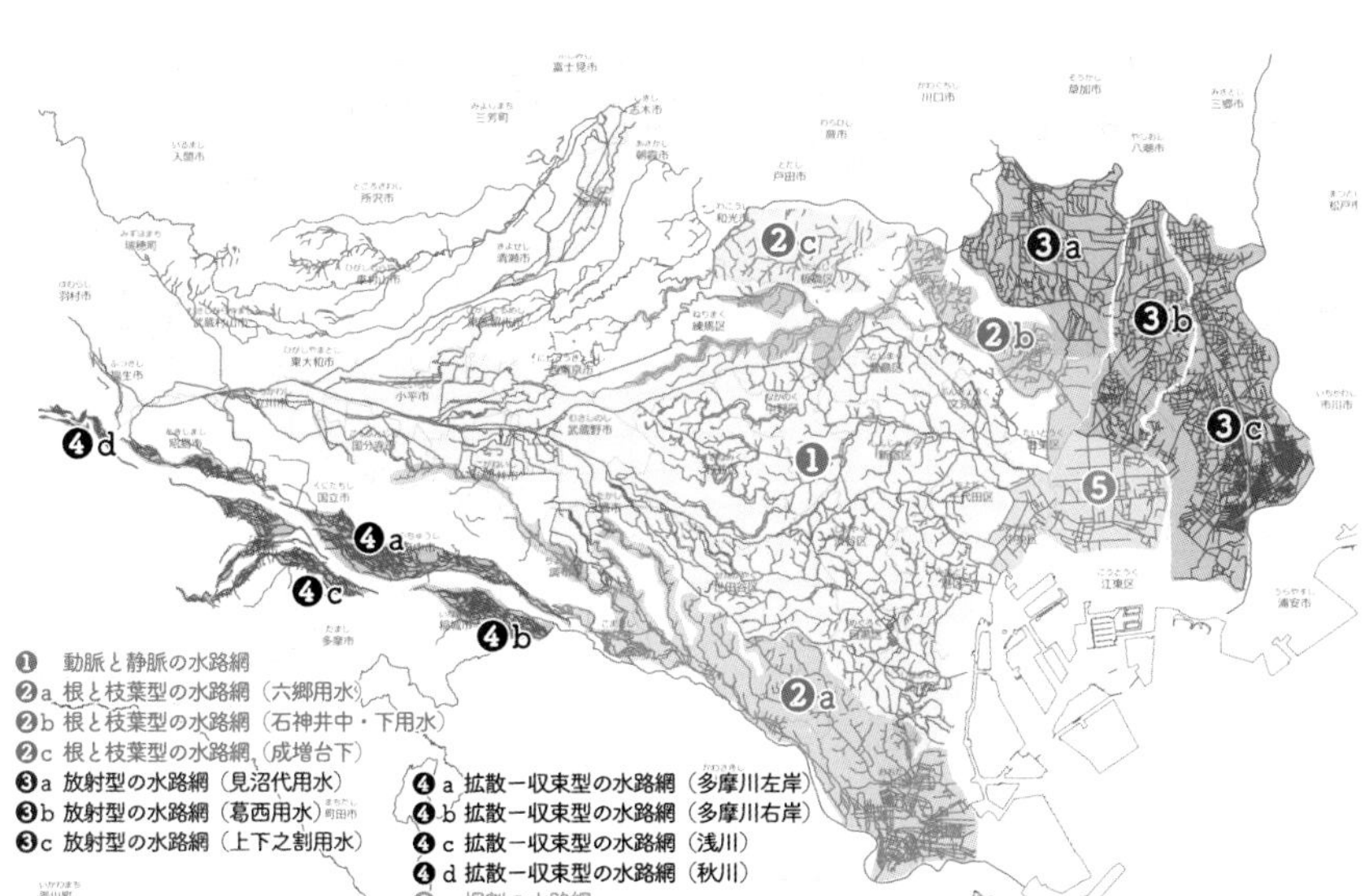

図4　5タイプの水路網

れていく水路が「枝」に、その先の水田が「葉」にあたる。

一つ目の動脈と静脈の水路網とは異なり、この「根と枝葉型の水路網」には飲み水の機能はなく、灌漑用水の水路網だった。北区から荒川区、台東区にかけて、武蔵野台地の縁から隅田川に至る東京低地に広がっていた「石神井中用水」「石神井下用水」（石神井川の水を取り入れ）、大田区東部、多摩川低地の一部のエリアに広がる「六郷用水」（多摩川や野川、仙川などの水を取り入れ）が、この「根と枝葉型」の水路網だ。また、板橋区北部の荒川沿いの低地に広がっていた水路網（白子川や前谷津川などの水を利用）もこの類型に分類できよう（図5）。

放射型の水路網（竹箒型の水路網）

墨田区の北十間《きたじゅっけん》川以北や、足立区、葛飾区、江戸川区といった隅田川東側の一帯に広がっていた平坦な低地には、「放射型の水路網」とでもいうべき灌漑用

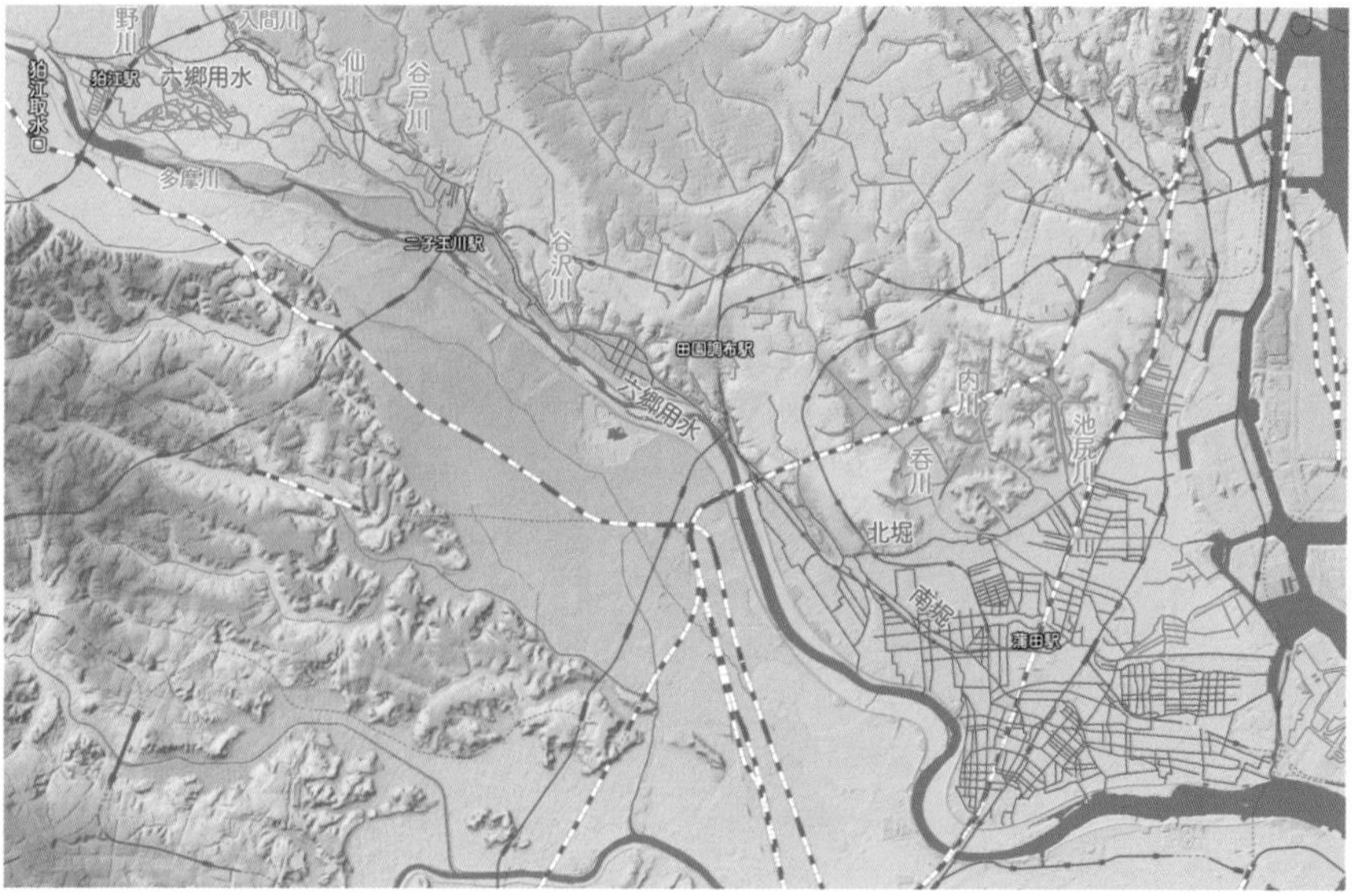

図５　根と枝葉の水路網
六郷用水に見られる、根と枝葉の水路網。狛江で多摩川から取水し、途中で武蔵野台地を流れる川の水を「根」として国分寺崖線の下で集め、六郷の地で枝分かれして先々の水田に水を送っていた。

水網が広がっていた。

足立区中西部エリアの「見沼代《みぬまだい》用水」、綾瀬川と中川に挟まれた足立区東部・葛飾区西部と墨田区北部の「葛西《かさい》用水」、そして中川と江戸川に挟まれた葛飾区東部と江戸川区の「上下《かみしも》之《の》割《わり》用水」の三つの水路網がこの「放射型の水路網」にあたる（図6）。

二つ目の根と枝葉の水路網に少し似ているが、これらの水路網はいずれも東京の外、埼玉県の北部を流れる利根川から水を引き込み、はるばると埼玉県内を南下してきて都内に至っていた。見沼代用水と葛西用水は、全長80キロ以上にわたる。上下之割用水は、用水自体は都内で完結しているが、やはり利根川由来の水を利用していた。

放射型の水路網は、竹箒のイメージに喩えられるだろう。利根川から都内まで1本の太い水路が箒の柄のように伸び、水を配る水田が広がるエリアに着くと、そこで箒の先のように放射状に水路が枝分かれする。実際にはそれぞれ埼玉県内でも利用されて、また水路も入り組み単純ではないが、東京エリアに絞って機能

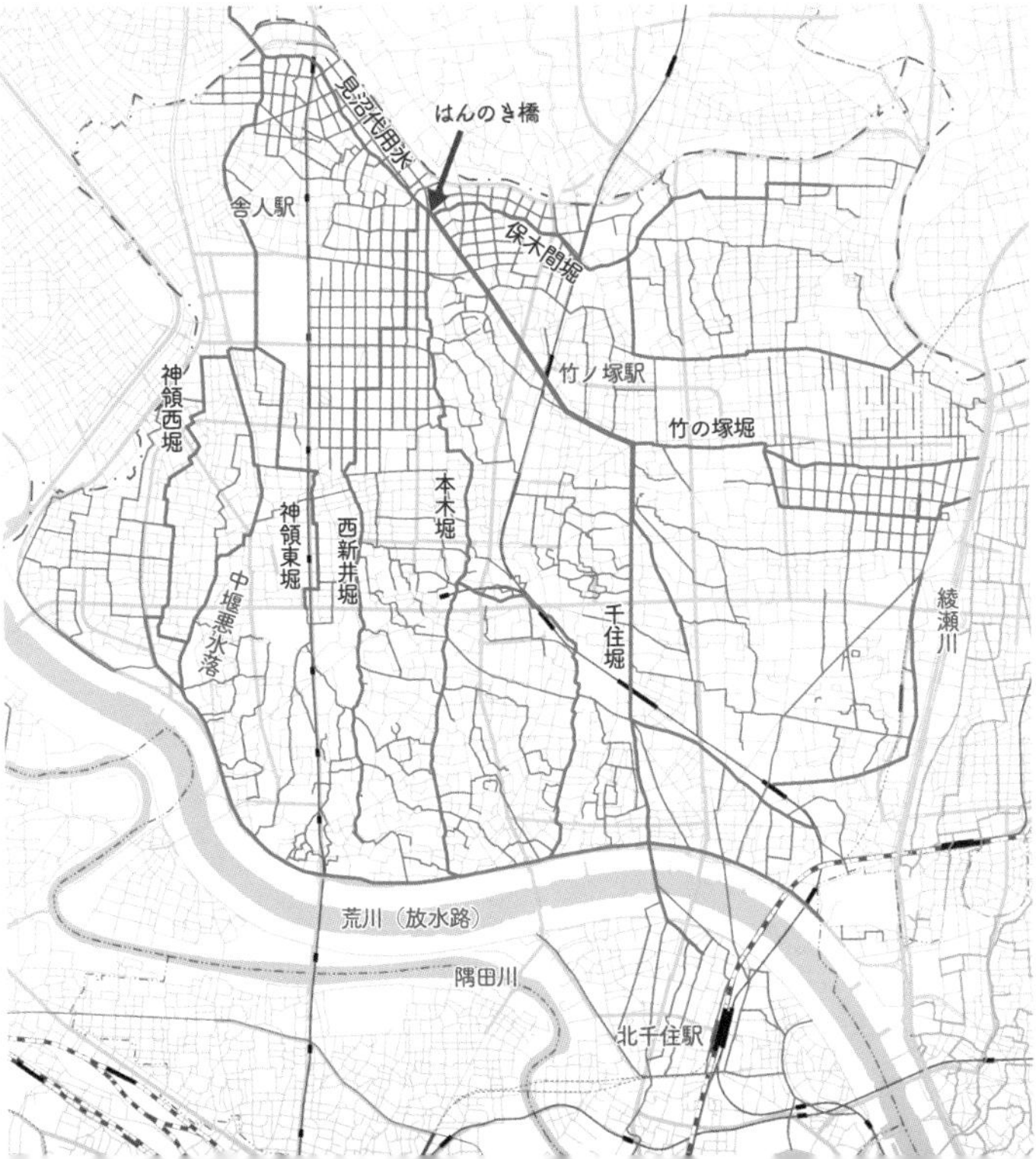

図6　放射状の水路網
足立区内に入った見沼代用水東縁は、神領堀を分けたのち、はんの木橋で終点となり、ここから西新井堀、本木堀、千住堀、竹の塚堀、保木間堀の5本に分かれた。それぞれの堀からは次々に分水路が枝分かれし、放射型の水路網を形成していた。

面から見てみれば、箒のような形として捉えることができよう。

これらは基本的には灌漑用水の水路網だが、上水の機能を果たしていた水路（本所上水・亀有上水）も一時期存在した。また、水運への利用（曳舟川）、水捌けのための水路もあった。現在はほとんどの水路が暗渠になってしまったが、見沼代用水、葛西用水の埼玉県内の区間は今でも現役の用水路として利用されており、疏水百選にも選ばれている。

拡散─収束型の水路網（紡錘《ぼうすい》形の水路網）

四つ目の「拡散と収束の水路網」は、多摩川中流沿いの氾濫平野（平地）に特徴的な水路網だ。それぞれの水路網は紡錘《ぼうすい》形を横から見たような形をしている。つまり、両端が一点に絞られていて、真ん中が膨らんでいる形だ。そしてその膨らんだところに、文字通り網の目のように水路網が広がっている。

この水路網では、用水は多摩川から取水したのち、本流から主要な水路へ、そして支流へと次々に分かれていき、紡錘の膨らんだところに広がっている水田に水を運んでいく。そしてある程度流れていくと、今度は分岐していた水路は、余った水や不要な水を集めて再び合流していき、最後は1本にまとまって多摩川に水を戻す。取った水をもとの川に戻すという点で、一つ目から三つ目のタイプの水路網とは異なっている。

水路網が広がる土地は平坦ではあるが、多摩川の流れに沿って全体が傾いている。この傾斜を利用して水を流しているので、水の流れもかなりの速さがある。

この「拡散と収束の水路網」は多摩川の両岸に分布している。府中用水や日野用水、大丸《おおまる》用水などが代表的な例だ（図7）。ほかに浅川沿いにも豊田用水などの同様の水路網がある。これらの水路網は大半が暗渠になったところもある一方で、府中や昭島、日野などでは今でも水田が残り、組合の管理のもと、現役の灌漑用水として使われている。ただ、通行や安全上の理由で暗渠となる区間や、水田の消滅で使われなくなった水路が放置されているような区間もあり、少しずつそれが進行している（第2部第7章三ヶ村用水参照）。

堀割の水路網

五つ目の「堀割の水路網」は、中央区や江東区、そして墨田区の北十間川以南にかけての一帯に広がっていた水路網だ。「築地《つきじ》川」「汐留《しおどめ》川」など名前には「川」がついているが、実際には人工的に造られた堀割や運河で、船での移動や荷物の運搬を主な目的としていた。海が近いため、水は流れるというよりは自然に入り込んだ水で、海水の影響も受けている。役割も成り立ちも、ここまでの四つのタイプの水路網とはまったく異なる水路網だ。また、江戸・東京が「水の都」と呼ばれることがあるが、それは、この堀割の水路網が念頭に置かれている場合が多い（第2部第2章神田堀参照）。江東区ではまだいくつかの水路が現役の運河として利用されている。

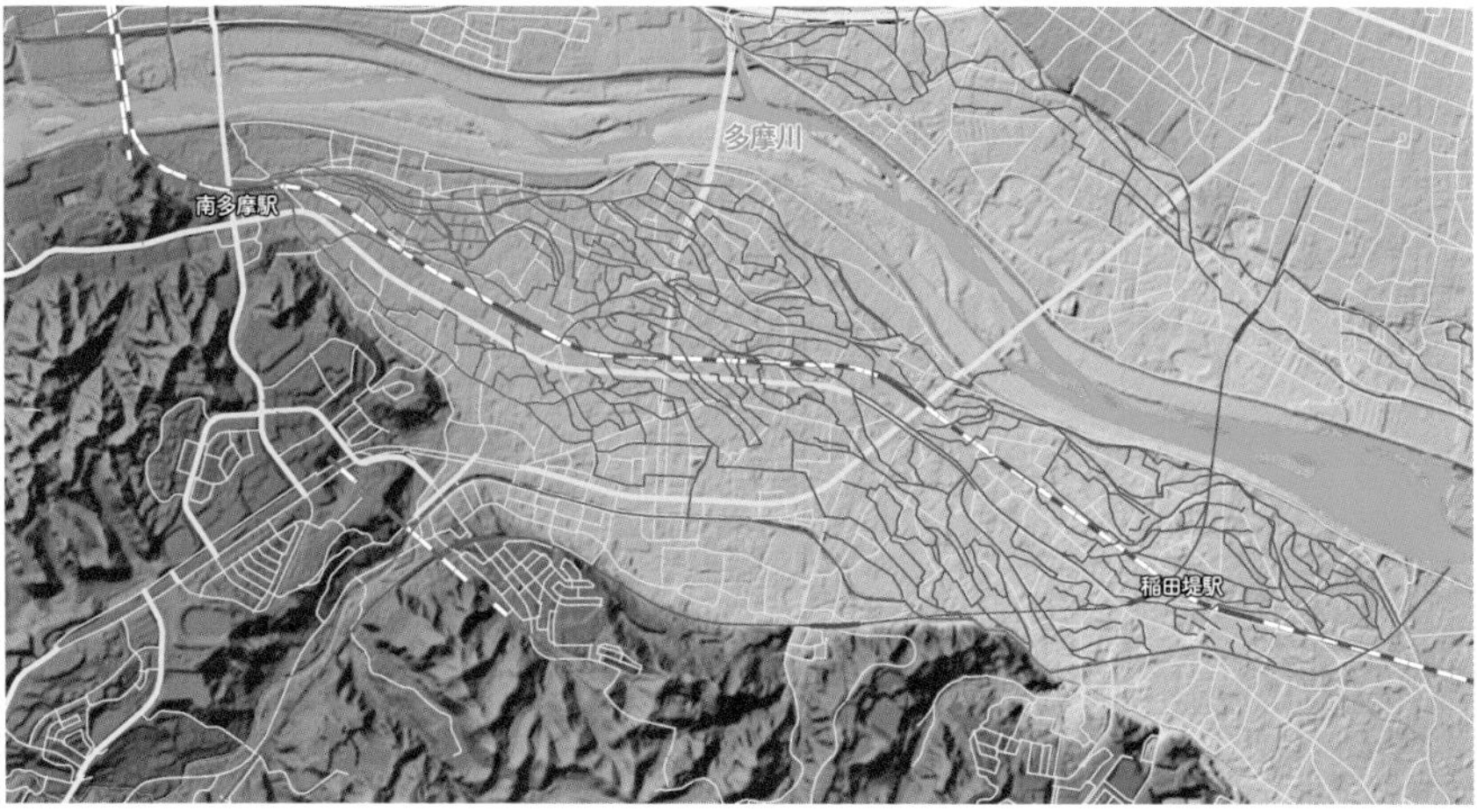

図7　拡散と収束の水路網
拡散と収束の水路網の一つ、大丸用水。稲城市（一部川崎市も）の低地を、紡錘状の網の目水路が覆っている。主な水路は多摩川の旧流路や分流の跡を利用している。

水路網がつなぐ空間
——浮かび上がるもう一つの東京

これらの水路網を通して東京の地理空間を見たとき、そこには現在の東京の空間を構成する鉄道や道路といったネットワークとは異なったレイヤーが浮かび上ってくる。それは、ふだんは見えていない、もう一つの東京の地理空間だ。

東京で暮らす日常の中で、その地理空間を把握しようとした場合、駅を結節点とするグリッドで形成される鉄道網や、交差点を結節点とする道路網といったレイヤーで把握することが大半だ。しかし、暗渠に着目し、水のつながりを意識してみると、東京のあちこちの場所や地点は、鉄道網や道路網とはまったく異なる、水のつながりと高低差で結ばれた立体的なレイヤーにプロットされ、関連づけられる。

その典型的な例として、東京の城西〜城南地区を見てみよう。渋谷、富ヶ谷、神泉、代官山、白金台といった、一見それぞれはあまり関連性のなさそうな町は、渋谷川と玉川上水に着目したとき、すべてがその水路網でつながる。谷や山・台といった地名は、そのまま「動脈と静脈の水路網」が覆う地形を表している。そして、新宿御苑、明治神宮、青山墓地、白金自然教育園といった緑地も、いずれも渋谷川水系の水源という共通性でつながっていく(図8)。このように、失われた水路網は、地形や地名の関連性を呼び戻すレイヤーだ。それまであまり意識することもなかった地名や土地の凹凸は、にわかに意味をもち、輝きはじめるだろう。

空間から時間へ

この水路網のレイヤーは、必ずしもある特定の時点を取り出したものではないことも特徴だ。川や水路が暗渠化された時期はそれぞれ異なるし、そこに残る遺構や痕跡の時期も場所ごとに違う。そこには、さまざまな年代の地形や風景や記憶が重なり合い、投影図のように同時に見えているといえる。それは、江戸〜東

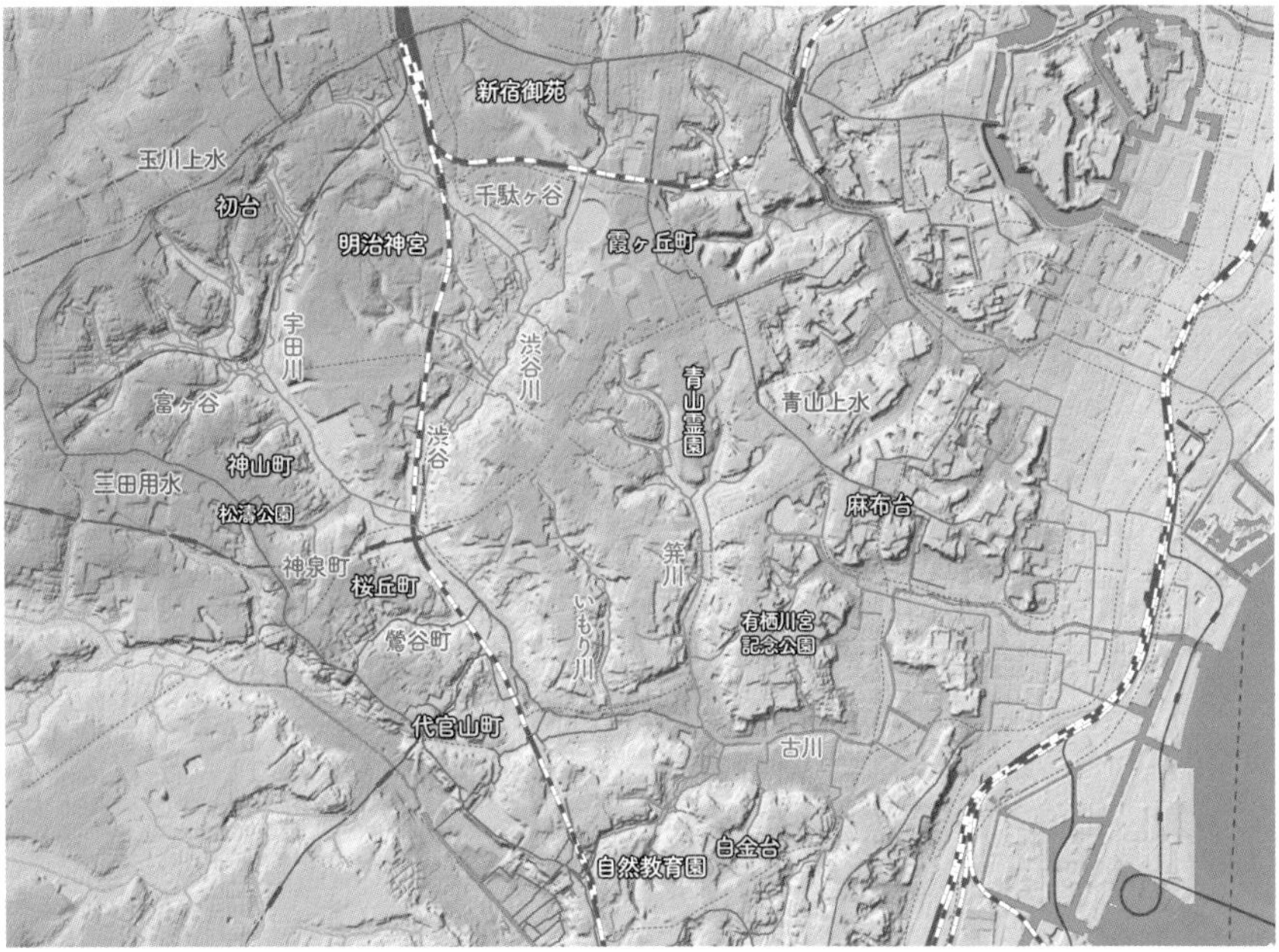

図8　渋谷川水系
谷や丘を示す地名が、渋谷川の水系を通して見ることでつながっていく。新宿御苑や明治神宮などの都心部に点在している緑地も、渋谷川の水源だという共通項でつながっていることが見えてくる。

京に暮らす人々の川とのかかわり方の変遷が折り重なったレイヤーでもある。
　このレイヤーをひもといていくと、空間の広がりは時間の奥行きへと変換される。そしてそこには、東京の自然史や生活史といった地誌が浮かび上がってくる。この時間の奥行きについては第2部で見ていくこととし、次章からは地形や水路網といった空間的な観点から、具体的にいくつかの暗渠を追ってみよう。

2 新川と大泉堀（白子川上流部）――浮かび上がる微地形と地下水脈【西東京市】

白子川と二つの「シマッポ」

白子《しらこ》川は、石神井《しゃくじい》川、神田川、目黒川などと並び、武蔵野台地を流れる代表的な中小河川の一つだ。その源流は練馬区東大泉の大泉井頭《いがしら》公園の湧水に始まる。川は練馬区内北西部を北東へ流れたのち、板橋区と埼玉県和光市の境に沿って進み、荒川の支流である新河岸《しんがし》川に合流する。1980年代前半までは都内で汚染ワースト1の河川だったが、現在では下水道の普及や流域住民・行政の努力で清流が取り戻され、沿岸には湧水も数多く残っている。

そんな白子川の上流部に、暗渠となった流れが二つある。一つは大泉井頭公園からさらに上流部に向かって続く、白子川の幻の源流ともいうべき「新川《しんかわ》」。そしてもう一つは、源流から1・2キロほど下ったところで合流している「大泉堀《だいぜんぼり》」。いずれも西東京市を流れており、1970年代に暗渠となっている。

二つの支流はそれぞれ「上保谷《かみほうや》のシマッポ」「下《しも》保谷のシマッポ」とも呼ばれていた。シマッポとは、大雨の降った後にだけ水が現れて流れる、溝状の小川を指す。どこかかわいい響きのある不思議な呼び名だが、一説には「シマッポリ」＝「島地の堀」が語源だともいう。島地とは、肥沃《ひよく》ではあるが湿り気の多い、黒土のある土地を指す言葉だ。練馬区内を流れていた石神井川の支流「貫井《ぬくい》川」の上流も「シマッポリ」と呼ばれていた。このシマッポは一帯の微地形と、「地下水堆《ちかすいたい》」という特徴的な地下水の分布に由来する。そしてそこには、合併して西東京市となる前の二つの市、田無《たなし》と保谷の発祥の歴史も秘められている。二つのシマッポの暗渠をたどりながら、それらをひもといていこう。

新川（上保谷のシマッポ）

まずは「上保谷のシマッポ」新川を見ていこう。新川の上流部は南北二つに分かれている。どちらも、西武新宿線田無駅と西武池袋線ひばりヶ丘駅を結ぶ谷戸《やと》新道沿いから東に流れ出し、すぐ西側には東京大学の生態調和農学機構（旧・東大農場。以下、なじみのある東大農場と記す）の広大な敷地がある。

南側の流れは西東京市北原町3丁目、住宅地の隙間を抜ける細い路地の奥から、ひっそりと始まっている（写真①）。まっすぐ続く古びたコンクリート蓋の隙間から見える水路に水は流れていない。暗渠は谷戸新道を越えたのち、道路沿いに曲がりくねりながら、かつて「上宿《かみじゅく》」と呼ばれる集落だった住宅地に入っていく。このあたりから、暗渠の幅が広くなってくる（写真②）。途中、蓋の掛けられていない区間もあるが、そこにも

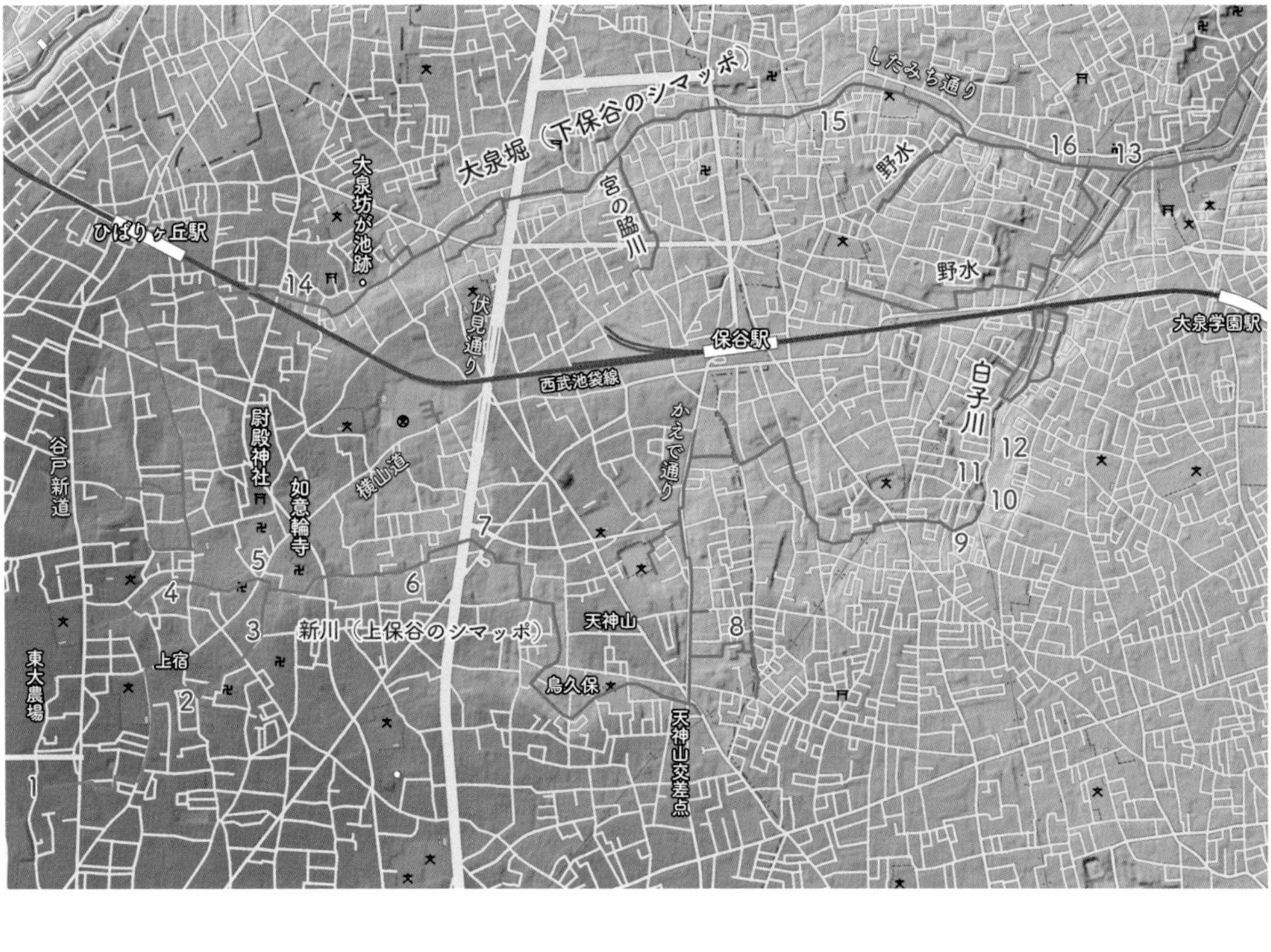

①新川南側支流の最上流端。明治初期の地租改正図に描かれた水路と同じ位置に今も蓋掛け暗渠が残っている。

②上宿付近の新川。暗渠沿いの桜並木が、見えなくなった川の姿を思い起こさせる。

③暗渠の柵をのぞき込むと、澄んだ水が流れている。おそらく地下水堆から滲み出した水だろう。

ふだんは水は流れていない。しばらく先で再び暗渠となった川は、泉町2丁目近辺で向きを北に変える。

地下水堆から湧き出す水

ここから先、暗渠の蓋は数メートルおきに鉄柵となるのだが、そこから中を覗くと、ここまでなかった水が流れている。川底は土で、水は澄んでおり臭気もない（写真③）。かつては下水道代わりに使われ悪臭が漂っていたそうだが、下水が整備された現在は、暗渠には流れ込んでいないはずだ。では、ここに流れる水はどこから来たのだろう。

この近辺、泉町から谷戸町1丁目、東大農場にかけては、地下水位が地表から2メートル程度と浅くなっており、さらに窪地では0・5メートル程度と、非常に浅かった。これは、地下水が凸レンズ状に盛り上がっている「地下水堆《ちかすいたい》」によるものだ。地下にある不透水層の起伏がその成因で、その凹凸は地上の地形とは異なっている。新川の源流域の地下には「上宿《かみじゅく》地下水堆」

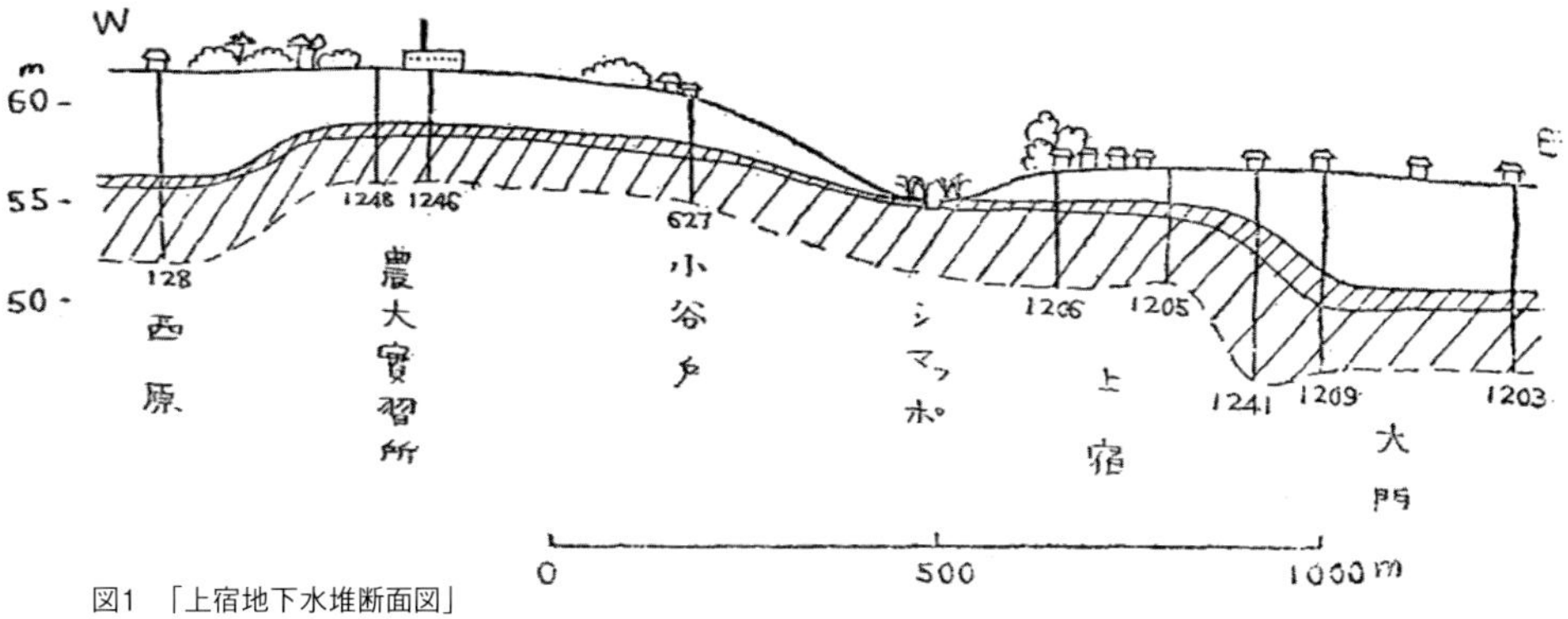

図1 「上宿地下水堆断面図」
農大（現東大）実習所から上宿にかけて地下水位が盛り上がっている。浅い谷となったシマッポでは、地下水が地上に露出していたことがわかる。※吉村信吉　1940「東京市西郊保谷村上宿附近の地下水堆と聚落、浅い窪地」(「地理」第３巻第１号）より

が広がっていて、シマッポはその真上の窪地を通っている。大雨が降った後にシマッポに水が流れたのは、この地下水堆の水位が上がり、地上に湧き水として溢《あふ》れ出すためだった（図1）。

戦後、地下水位は宅地化や工場の進出にともなう地下水の過剰な汲み上げで低下したものの、現在ではかなり回復しているそうだ。かつての水路は浅い素掘りの空堀だったが、現在の水路は大人の背丈ほどまで掘り下げられている。だとすると、川底が地下水堆に達している地点があり、そこから水が滲《し》み出し流れているのではないだろうか。

泉町2丁目では、谷戸町1丁目から流れ出している北側の流れと南側の流れが合流する（写真④）。北側の流れはその地名どおり地下水堆上にある浅い「谷戸」を流れていて、ほぼ最上流の地点から、暗渠内に流れる水を確認できる。合流点のそばには、1960年代初めまで「マッバ池」があった。地下水堆が地上に姿を現した池だ。また、少し西には「ツルマの弁天池」と呼ばれる池もあったという。水に関係する地名「鶴」「弦」「水流《つる》」に由来する名称だろう。

オアシスに生まれた集落

この地下水堆のおかげで地下水の利用が容易であったため、上宿や谷戸町のエリアは田無・保谷の発祥の地となった。川もなく水に乏しい武蔵野台地上で、シマッポや池を通じて地下水が時折地上に姿を現してい

たことが、人々が土地を選ぶときの助けになったのだろう。今でも上宿の北方には寺院が集中し、湧水の神を祀る尉殿《じょうどの》神社が鎮座している。「じょうどの」「ずうどの」の名は湧水や池を信奉する神社や地名に見られ、埼玉県を中心に関東中部に分布している。そして、集落の中心を通る「フラワー通り」はかつて「横山道」と呼ばれた府中街道枝道の古道だ。武蔵野台地上を往く人々にとって、地下水堆の上の集落はオアシスのような場所だったのかもしれない（写真⑤）。

長閑な風景を流れる新川

谷戸からの流れを合わせた新川は如意輪寺《にょいりんじ》を回り込み、畑や屋敷林が点在するのどかな風景を東へと流れていく（写真⑥）。暗渠沿いには水道の水源施設がいくつか見られる。旧・保谷市のエリアでは、地下水を汲み上げて水道水の2割程度をまかなっているのだ。ただし、これらは深井戸を掘って取水しているため、地下水堆と直接の関係はない。

伏見通りを横切ると、暗渠は西東京市役所保谷庁舎の敷地内へと入っていく（写真⑦）。その先に続く暗渠では再び鉄柵があって中が覗けるが、すでに水は流れていない。暗渠内の水は途中でショートカットされ、石神井川に流されているためだ。暗渠は天神山《てんじんやま》と呼ばれる丘を回り込むように曲がりくねりながら、鳥久保《とりくぼ》と呼ばれた浅い窪地を延々と縫うように続いていく。

ゆくえをくらます新川の暗渠

源流からほとんど途切れることなく続いてきた新川の暗渠は、保谷駅から東伏見駅を結ぶかえで通りの「天神山交差点」まで来たところで、ぷっつりと姿を消してしまう。交差点付近は、新川の流れてきた窪地がちょうどボトルネック状に挟まっている地点となっている。

大雨のときに地下水堆から地上に溢れた水は、下流に進むにつれ再び地下に滲み込んでしまう。そして水とともに流れてきた土砂は、滲み込んだ付近に堆積していき、これによって窪地が狭まっているのだ。

④谷戸町を流れる新川の北側支流。湿気が多く浅い窪地に暗渠が続いている。

⑦西東京市役所保谷庁舎に隣接するスポーツセンターは、暗渠の上にエントランスの階段や、広場が造られている。

⑤古道「横山道」が新川を渡る地点には、駒止橋と呼ばれる橋が架かっていた。その場所の近くにある寶晃院の門前には、欄干が保存されている。

⑥武蔵野の面影が残る風景だが、畑や屋敷林は宅地へと少しずつ姿を変えている。

少し進むと再び窪地は幅広となり、大きくS字を描きながら白子川源流付近へと続いていく。「水溜」という地名で呼ばれていたこの区間の窪地は、長いあいだ水捌《みずは》けをよくするための水路が断片的にあるだけだったようだ。周囲に林や畑地しかなかった時代は、それでこと足りていたのだろう。文字通り水溜りとなった水は徐々に地中に滲み込んだ。溢れるほどの出水だったとしても、人家がないから被害も少なくすんだ。

しかし戦後宅地化が進むにつれ、大雨の際の出水が問題となっていく。1958年には保谷駅付近の水路から白子川源流までが開削されたが、同年秋の狩野川台風によって、つながっていない新川のほうで大規模な冠水が起こってしまう。そこで、その水を排出するために新川の終点と水溜をつなぐ水路が緊急開削され、これによりようやく新川と白子川が1本につながることとなった。

ただ、この水路は60年には地中の排水管に変えられ地上から姿を消し、さらに65年には新川の水は地下のバイパス水路で南方を流れる石神井川に落とされるようになった。このような経緯で、新川と白子川は再び切り離されている（図2）。

白子川へ

古地図や高低差を頼りに、断片的な水路の痕跡（写真⑧）をつなぎながら畑と住宅地の混在するエリアを進んでいくと、南大泉1丁目に入ってようやく暗渠が現れる（写真⑨）。ここまでと違い、緑道として整備された暗渠は、緩やかに弧を描いて続く。やがて東大泉7丁目で「七福橋」へと出ると新川は終わり、ここからは白子川が始まる（写真⑩）。

七福橋の先から風景は再び一変し、高い護岸に囲まれた細長い池のような一角が現れる。水深は浅いが、川底や護岸のあちこちから水が湧き出している（写真⑪）。ここには1965年まで「井頭《いがしら》の池」があり、池のほとりには弁財天が祀られていた。神田川源流の「井《い》の頭《かしら》池」や善福寺《ぜんぷくじ》川源流の「善福寺池」、石神井川

図2　1958 年に「白子川接続水路」と「緊急開削水路」が開削されたことで、新川と白子川は 1 本につながった。その後「碧山幹線」（1965 年）「碧山バイパス」（1966 年）が建設され、現在の新川の水は石神井川に落とされている。

源流の一つである「三宝寺池《さんぼうじ》」などと同様の、標高が50メートルほどの台地に地下水脈が湧水として露出した、谷頭《こくとう》地形の湧水池だ。ただ、この三つの池は今では汲み上げの地下水に頼っているのに対し、大泉井頭公園は池はなくなっても湧水は今も何とか健在なのが不思議だ。

池の東端、井頭橋の下には簡素な石組みの堰《せき》があって、そこからいよいよ白子川が流れ出していく。ここに流れている水には汲み上げの地下水も、高度処理された再生水も、そしてもちろん下水も含まれていない。まぎれもなくすべて自然に湧き出した水なのだ。流れ出す水は、季節変動はあるものの、多い時期には100リットル/秒以上もの量になるという(写真⑫)。

新川の暗渠は、肩幅ほどの細い暗渠に始まり、足元に水の流れる暗渠を経て、いったん痕跡を失った後に豊かな湧水の流れる地上の川に至る。都内で有数のドラマチックな展開を味わえる暗渠と言えよう。

⑧暗渠が姿を消した先に水路の枠組だけがわずかに残っている。前後の区間は整地され、水は流れることも溜まることもできない。

⑨練馬区内に入り再び姿を現した暗渠。白子川の起点へと続いている。一変して綺麗に整備されている。

⑩七福橋の白子川上流起点。下流側から見ると、新川の暗渠の合流口が残っている。

⑪大泉井頭公園の湧水。春から秋にかけては、子どもたちが水に入り遊んでいる。

大泉《だいぜん》堀（下保谷のシマッポ）

さて、白子川の清流をしばらく下っていくと、護岸に大きな開口部が現れる。もう一つのシマッポ、大泉堀の暗渠の合流地点だ（写真⑬）。大泉堀は西武池袋線ひばりヶ丘駅の東方から、下保谷窪地と呼ばれる浅い谷筋を東へ流れている。旧保谷市のエリアでは白子川と呼ばれており、大泉堀を白子川の本流と捉えているようだ。１９７０年代半ばに暗渠となったのち、90年代末までは生活排水路として使われ、白子川の汚染の原因にもなっていた。

こちらのシマッポが新川と異なる点は、明治期の迅速測図《じんそくそくず》やその後の1万分の1地形図などにも水路としてしっかり描画されていることだ。ただ、やはり通常時には水が流れていないことが多かったようだ。新川と同様に「地下水堆」がその流れに影響していたからだ。大泉堀の上流部にあった「亦六《またろく》地下水堆」と呼ばれたこの地下水堆は、西武池袋線ひばりヶ丘駅の南東から北東、西東京市栄町から住吉町にかけて、楕円形に横たわっていた。

⑫公園に湧き出した水は、堰を越えて白子川として流れ出す。

⑬大泉堀暗渠の合流口。ここから150メートルほど先まで、暗渠上は緑道として整備されている。

⑮大泉堀暗渠の下流は住宅地の中を流れる。家々が背を向ける、典型的な都市の暗渠風景だ。

⑭奥の階段が大泉堀暗渠の始まる地点。大泉堀の上流部の暗渠にはなぜか深緑色の蓋が掛かっていて、雨上がりなど、まるで水面のように見える。

⑯大泉堀に架かっていた「小泉橋」の名称がしたみち通り交差点名として残っている。

大泉坊が池

大泉堀という名前は、地名の大泉《おおいずみ》とは関係はなく、上流部の保谷市北町1―4付近にあった大泉坊《だいぜんぼう》が池《いけ》が由来とされる。池は東西9メートル、南北29メートル、深さ3メートルほどの細長い池で、その一帯は坊《ぼう》が谷《や》戸《と》と呼ばれていたという。谷戸地形と「だいぜんぼう」という言葉からは否応なく「ダイダラボッチ」が連想される。「ダイダラボッチ」は日本各地に伝説が残る巨人の名で、その呼び名のバリエーションの一つに「大善坊《ダイゼンボウ》」がある。関東各地にはダイダラボッチの足跡とされる池や窪地が点在している。大泉坊が池や坊が谷戸も、その足跡の一つだったのかもしれないと考えると、なかなか面白い話となってくる。

大泉堀の暗渠をたどる

現在は、西武池袋線ひばりヶ丘駅の南東400メートルほどの地点から大泉堀の暗渠をたどることができる。かつては雨が降ると、さらに西側の窪地から水が湧き出して流れてきていたという。緑色の蓋をされた暗渠は都営アパートや住宅地のあいだを、途中いくつかの支流（すべて暗渠）を合わせながら続いていく（写真⑭）。最後に白子川に合流する直前まで延々と続くコンクリート蓋暗渠をたどっていくのは、まるで何かの修行をしているような感覚となるかもしれない。

暗渠は塀に囲まれた住宅街の裏道になったかと思うと（写真⑮）、林のそばを抜ける小川のような姿も見せるが、新川と比べると流域の宅地化が進んでいる。

中流域では、暗渠の蓋に鉄柵が混じるようになり、中を覗くと、こちらも新川と同じく水が流れている様子が見える。川底までは2メートルほどだ。護岸からは、柵から差し込む日光を頼りに植物が伸びていて、川底は土で、滔々《とうとう》と流れている水は澄んでいる。新川と同じく、こちらも暗渠にする際に水路を掘り下げており、これにより地下水堆から水が滲み出して流れているのだろう。

欄干こそないものの、各所に橋の跡が残っているのも大泉堀の特徴だ。大泉堀の北側に並行して通る「したみち通り」には、交差点名に「小泉橋」「丸山東橋」「丸山西橋」といった橋名も残っている（写真⑯）。

地下水瀑布線

したみち通りの北側の微高地には、ぽつぽつと屋敷林に囲まれた屋敷が見える。それらの地下には「大泉地下水瀑布線《ばくふせん》」が大泉堀に並行して東西に8キロほど続いている。地下水瀑布線とは、地下水位があたかも滝のように急に深くなっているラインのことであり、地下水堆と同じく、地下の不透水層の分布が影響している。この瀑布線より南側は地下水位が8～9メートル、窪地では3メートルほどなのに対し、北側では13～16メートルと急に深くなっている（図3）。

そして、この瀑布線の南側、つまり地下水位が浅い側に並行するように、かつての下保谷村の集落が横一線に並んでいる。上宿地下水堆と同じく、こちらも地

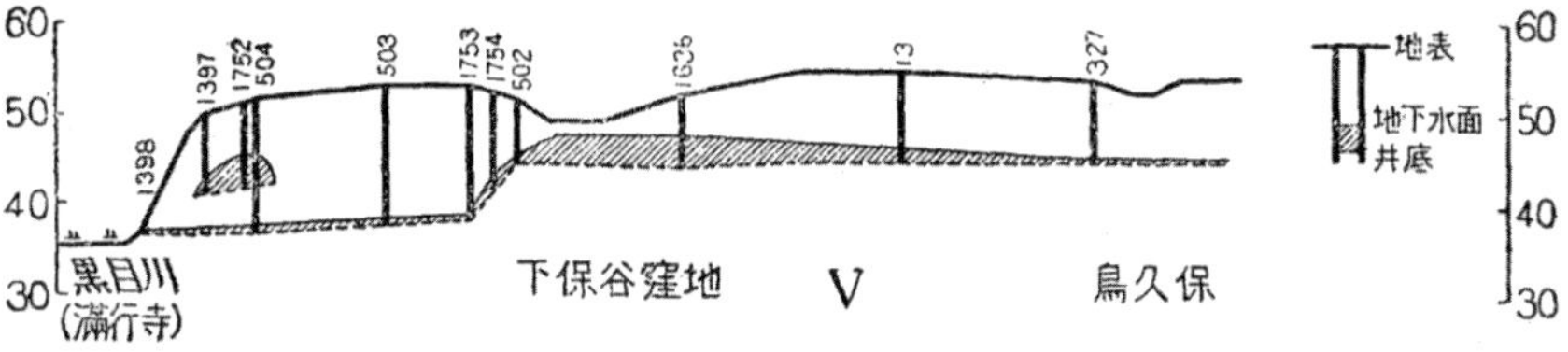

図3　「大泉地下瀑布線断面図」
右が南。亦六地下水堆の影響により、大泉堀が流れる下保谷窪地にかけては、地形と逆に地下水面が少しずつ高くなっている。一方、その先の台地の下で地下水面は急降下し、瀑布線がはっきりと認められる。
※吉村信吉　1943「武蔵野台地東部大泉地下水瀑布線及び付近諸地下水堆の地下水精査（2）」（「地理学評論」19巻12号）より

上の地形とは異なったかたちで、地下水の流れ方が地上の集落形成に影響を及ぼしていたことがわかる。

　これらの地下水堆と地下水瀑布線は、地理学者・湖水学者である吉村信吉《しんきち》が１９３０年代後半から40年代にかけて発見したものだ。彼は一帯６５０箇所もの井戸を巡り水位を調査することで、これらを明らかにした。その地下水研究は、武蔵野の自然地理学に大きく貢献した。

　シマッポには、ふだんは目に見えない地下水をめぐる土地の来歴が秘められている。吉村信吉はその水の実像を求め探索した。彼は論文の一節に「島ッポが役に立つのは豪雨後だけで平常は人生に無関係である」と記している。翻って今、シマッポの暗渠には常時水が流れている。その水には蓋がされていて、地下水堆と同様に目には見えなくなっている。90年前の吉村信吉、そして彼の見た武蔵野の風景を思い浮かべながらそこをたどってみると、地上から姿を消した川と、そこになお流れる水を、より深く感じとることができるかもしれない。

3 鮫川～桜川——暗渠が結ぶ意外な場所のつながり

【新宿区】

四谷—赤坂—虎ノ門を結ぶ失われた水のつながり

失われた川とその流れていた地形で東京を見ると、意外な場所のつながりに気がつくことが少なくない。「鮫川《さめかわ》」から「桜川《さくら》」に至る流れも、その一つだ。

現・地下鉄丸ノ内線四谷三丁目駅の南東から始まる鮫川は、江戸期以前は赤坂見附、溜池《ためいけ》を経て虎ノ門で日比谷入江に注ぐ川だった。江戸初期になると、鮫川の谷は虎ノ門で堰《せ》き止められ、江戸城南部の上水と外《そと》濠《ぼり》を兼ねた「溜池」が造られる。また、下流部は日比谷入江の埋め立てにともなって汐留《しおどめ》川として延長・改修される。その後、台地上に玉川上水の水道網が通ったことで、赤坂から虎ノ門の間の鮫川は役割を変えた。川は溜池に並行して流れ、上水の余排水を集める「赤坂大下水《おおげすい》」（赤坂川）に生まれ変わったのだ。そして虎ノ門より先の区間も、霊南坂《れいなんざか》の下を埋樋《うめひ》で抜け、愛宕山《あたごやま》下を南下し、芝で古川《ふる》へと注ぐように付け替えられた。この付け替え区間が桜川と呼ばれるようになった。

鮫川～桜川は昭和初期には暗渠となり、特に赤坂より先は、今ではまったく痕跡が見られない。しかし、各地に残る水辺は、鮫川とその地形を意識することで、すべてがつながっていく。

赤坂御用地の敷地内に残るという緑の多い谷戸地形とそこに湧く水は、かつての鮫川の支流だ。紀尾井町の清水坂公園の水も、弁慶濠《べんけいぼり》開削前は鮫川に注いでいた。赤坂浄土寺《じょうどじ》の庭園に残る池は鮫川の支流「太刀《たち》洗川《あらい》」沿いにある。六本木ミッドタウンに隣接する檜町《ひのきちょう》公園の池も鮫川の支流「赤坂新町五丁目下水」

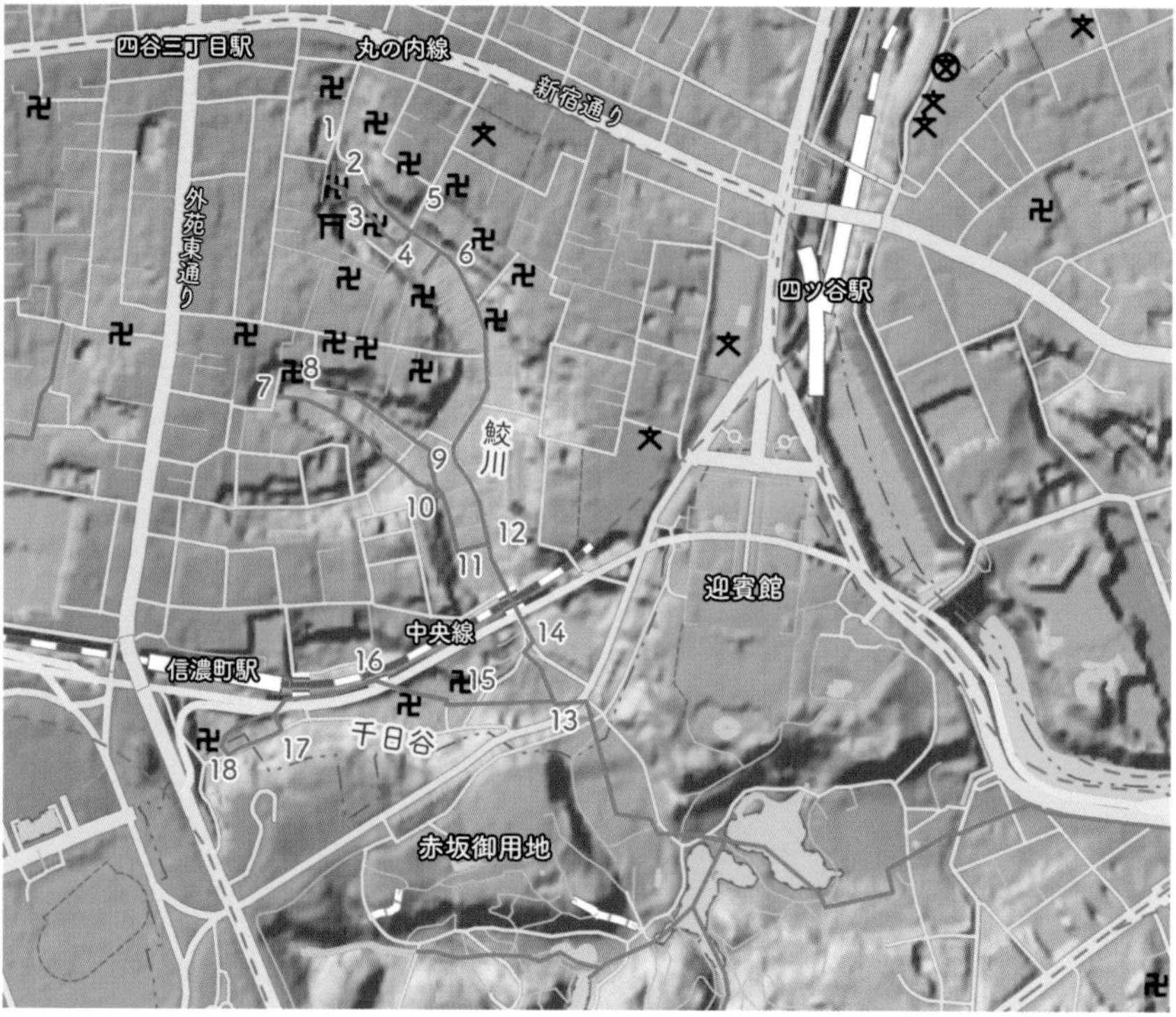

の水源の一つだった。そして愛宕の青松寺の門前には、かつて桜川に架かっていた石橋が移設されて、桜川をイメージした水路に架かっている。

このように、空間の軸から暗渠を見ると、無縁だと思えるそれぞれの場所のつながりがはっきりと見えてくる。これも暗渠の愉しみ方の一つだ。本稿では、その鮫川の上流部にフォーカスを当て、たどってみよう。

鮫河橋谷町の深い谷

四谷三丁目駅から新宿通りを東に数分進み、南に分かれる円通寺坂を下り切ると、そこがかつての鮫川の源流部だ（写真①）。坂のたもとの日宗寺の境内に、鮫川の水源の池があった（写真②）。池から流れ出した川は、鮫河橋《さめがはし》谷町という、その名のとおり深く刻まれた谷底に連なる町を流れていた。また、池からの流れとは別に、日宗寺西側の崖下から流れ出す細流もあった。こちらは今もなお、細い溝となって家々の隙間を流れている（写真③）。この流れは須賀神社の参

①新宿通りから南に折れる円通寺坂。下りきった右手にある日宗寺が、かつての鮫川の源流だ。

②日宗寺境内。山門右側、浄行菩薩像の前に、空になった池と石橋が近年まで残っていた。

③密集する家々の隙間には明治時代の地籍図と同じ位置に溝が残り、透明な湧き水が流れている。

④須賀神社参道に残る、昭和初期の雨水ますの蓋。溝を流れてきた水は右側からここに注いでおり、水音が響く。

⑤東福院坂から鮫河谷を見下ろすと急峻な谷戸地形がよくわかる。左奥に見えるのが『君の名は。』のラストシーンに登場した須賀神社参道の石段。

道下（写真④）で直角に曲がり、池からの流れと合流していた。

鮫河橋谷町の谷は、最大の高低差が10mにも及ぶ深い谷だ。それを視覚的に捉えられるのが、源流部南側の丘の上に鎮座する須賀神社の石段だ。この石段から谷を見下ろした景色は映画『君の名は。』のラストシーンともなっており、谷の規模がよくわかる（写真⑤）。

谷底の町は現在は新宿区若葉2丁目、3丁目となっている。鮫川はその中央を弧を描いて貫く若葉通りに沿って流れていた（写真⑥）。谷を挟む台地の上には先ほどの須賀神社のほかにも寺院が連なっている。これらは、江戸城の拡張や外堀の開削にともなって、江戸の中心部から移転してきた寺社だ。一方で谷底は、江戸時代初期には一時的に水田となっていたが、寺社の転入と同時期に、外堀を掘った際の残土で埋め立てられ、17世紀末には家屋で埋め尽くされた。湿気がちな土地柄のせいか、やがて低所得者層が集まって暮らすようになり、岡場所も出現したという。丘に挟まれた谷という地形が、対照的な街並みを作り出したといえる。

今も水が湧く鐙が池跡

鮫河橋谷は三叉に分かれていたが、その中の一つの谷の最奥には、鮫川のもう一つの水源である「鐙《あぶみ》が池」があった。源《みなもとの》 義家《よしいえ》が奥州遠征時に、鐙（騎乗時に足を乗せる馬具）を落としたことを由来とする伝承のある池だ。時とともに池は少しずつ埋まっていき、江戸時代には陽光寺という寺の境内の1メートル四方程度の小さな池となっていたという。明治に入ると寺は廃寺となり、その後明治時代後半には鮫河橋尋常小学校の敷地となった。地元の寺が篤志家から寄付金を募って開いた「三銭学校」がその前身で、地域の貧しい子どもたちのために、無料で読み書き算盤《そろばん》を教えていた。現在小学校の跡地は若葉公園となっていて、その一角には今もなお水が湧き出ている（写真⑦⑧）。水は公園の親水施設に導かれていて、夏場には子どもが水遊びする姿が見られる。１００年前の子どもたちも同じように楽しんでいたのだろうか。

公園の湧水から出た細流は、谷底を東南東に流れ、鮫河谷に出ると一つにまとまり、鮫川本流にしばらく並行して流れていた。古いマンホールや祠《ほこら》、路上にはみ出した鉢植えなど、裏路地感溢《あふ》れる暗渠は鮫川探索の一つのハイライトとなる区間だ（写真⑨⑩）。暗渠は二葉《ふたば》南元《なんげん》保育園の敷地に突き当たって直角に東に曲がり、鮫川の本流と合流する（写真⑪⑫）。

⑧若葉公園の崖下からは今も水が湧き出しており、公園の親水池に利用されている。

⑥若葉通りは谷底の中央から東寄りを抜けていく。川は通りの右側に沿って流れていた。

⑦かつて「鐙が池」があった若葉公園は、三方を囲まれた窪地となっている。

⑩暗渠の地面に据付けられた物干し竿。鉢植えも並べられていて、半ば暗渠沿いの家々の庭と化している。

⑪改修前の二葉保育園北側の塀にあった「水路敷」と表記された駐車禁止看板。水面がない今も水路扱いとなっている。

⑨暗渠となってから長い月日が経ち、家々が水路敷にはみ出してきている。ここではマンホールが侵食されている。

⑫路地に残る石造りの側溝。崖下に湧く水を集めて鮫川に注ぐ役割を果たしていた。

二葉保育園と鮫河橋の貧民街

二葉南元保育園は、１９００年（明治33）に麹町に設立されて１９０６年（明治39）にこの地に移ってきた、東京では初の私立幼稚園「二葉貧民幼稚園」から続く、由緒ある保育園だ。

明治時代、急速な都市化と産業構造の変化にともなって、都内各地にスラム街が形成された。鮫川の谷底の街にも貧民が流入し、鮫河橋谷町の一部、わずか０・１平方キロの狭い一帯に５０００人以上がひしめきあって暮らすようになっていく。その様子は、芝新網町《しばしんあみちょう》、下谷《したや》万年町《まんねんちょう》と並ぶ三大貧民街の一つとして知られた。

鮫河谷にスラム街が形成された理由は、谷底で日当たりのよくないじめじめした土地であったこともあるが、最大の理由は、近くに陸軍士官学校があったことにある。夕刻になると残飯屋が士官学校の残飯を桶に積んで売りに来た。それが彼らの主食であったという。

このような悲惨な環境の中で、二葉幼稚園は貧民幼児の教育施設として、地域の児童福祉の中心となった。大正期に入ると環境の変化や家賃の高騰などでスラム街は郊外に拡散し、徐々に消えていく。だが、昭和初期の段階でも先の鮫河橋尋常小学校ではまだ生徒の４分の１が残飯を主食としていたという。スラム街が完全に消滅したのは戦争で空襲を受けた頃なのだろう。保育園はその間もこの場所から移ることなく、震災や恐慌、そして戦争によって底辺で生活せざるを得なくなった子どもたちを支え続けた。

現在、鮫河橋の谷に当時の名残はなく、戦後できた街並みも、１９９０年代半ばより始まったまちづくり事業による再開発で大きく姿を変え続けている。そのような変化の中で、保育園は土地の歴史の記憶を今に伝えている。

鮫河橋

中央線のガードをくぐると、左手に「みなみもと町公園」が広がる。1887年（明治20）、コレラなどの疫病対策として貧民街の一部を政府が買い上げ、御料地に編入して、火除け地と称して更地にした場所だ。永井《ながい》荷風《かふう》が『日和下駄《ひよりげた》』の「閑地《あきち》」の章にその風景を描いている（二葉保育園はこの火除け地のうち、中央線北側にはみ出した区画を借りて設立されている）。そしてすぐ先には赤坂御用地の広大な敷地が広がっている。赤坂御用地は江戸時代の紀州藩中屋敷で、明治に入り皇室の御料地となった。

⑬赤坂御用地の鮫が橋門。鮫河橋はこの門前付近に架かっていた。

その敷地の北側に構える「鮫が橋門」（写真⑬）の前に架かっていたのが、川名や地名の由来となった鮫河橋である。鮫河橋の由来には諸説あり、「雨が橋」がなまったものとも、海からここまで鮫が遡ってきたからとも、さめ馬（真っ白な馬）に乗った住職がこの橋を渡った際に落馬したためともいう。鮫川は、かつて御用地の中へと入り、敷地内の三つに分かれる谷戸からの流れを合わせて、赤坂見附側へと抜けていた。おそらく今でも自然のままの谷戸地形と、そこに湧き出す水が残されていると思われるが、私たちがうかがい知ることはできない。

鮫河橋せきどめ神

明治中期には、川に流されたゴミが御所内に入り込むのを防ぐため、橋の付近に堰《せき》とゴミの沈殿池が造られた。こちらも『日和下駄』に、大きな堰が滝をなす

⑭せきどめ稲荷の祠。鳥居の右下には小俣リンの建てた「鮫ヶ橋せきとめ神」の石碑が据えられている。

⑮香蓮寺の門前に残る石橋の床版。千日谷の小川は奥から手前に流れていた。

様子が描かれている。そしていつともなく「堰止め」との語呂合わせから、咳止め信仰を集めるようになる。堰の周囲にはあちこちに咳止めの呪符が結びつけられていたという。1930年（昭和5）、御用地内の鮫川が暗渠化された際に堰は撤去されたが、近所に住んでいた小俣リンという老女が咳止め神の石碑を建て、堰がなくなったのちもこの場所にせきどめ神を祀《まつ》るようになった（写真⑭）。公園の入り口脇には今でも「鮫ヶ橋せきとめ神」の石碑が建てられた小さな祠が祀られている。

千日谷

鮫川の本流をたどるのはここまでとし、最後に、鮫河橋付近で西側から合流していた「千日谷」と呼ばれる谷を流れていた支流を遡ってみよう。合流地点は今ではわからなくなっているが、香蓮寺《こうれんじ》の門前までくると、砂利道の暗渠路地が西に伸びている。いかにも水路の跡といった雰囲気だ。山門の前の地面には、今も

⑯中央線の土手下。ただの側溝ではなく、かつて千日谷を流れていた小川の現在の姿である。

⑰住宅の隙間にある、雑草の生える不自然な空き地は水路の跡だ。手前に見える二つの境界石は、水路が新宿区の所有であることを示している。

⑱千日谷どん詰まりの擁壁は、上の道路まで11メートルの高低差がある。かつて、谷頭はここから南に向きを変え、もう少し先まで伸びていた。崖下のみなみ児童遊園は明治半ばまで水田だった。

なお石橋が残っている（写真⑮）。水路は1928年（昭和3）頃暗渠化されているので、100年近く経ってなお、橋が撤去されずにいるのは奇跡的だ。

そして、路地がJR中央線の土手に突き当たったところで高速道路の敷地との境目を見ると、そこには開渠の水路が流れている（写真⑯）。水路は途中から蓋をされ、暗渠となって土手下を離れる。

これより上流にはほとんど痕跡はなく、千日谷の谷頭に行き着く（写真⑱）。千日谷の名前は、谷頭にある一行院千日寺《いちぎょういんせんにちでら》に由来する。境内の崖下にはかつて長さ8メートルほどの湧水池があり、そこから川が流れ出していたという。竹筒を地面に差すと水が吹き出るほどの湿潤な地であったというが、今はその気配はない。

この場所には、17世紀後半まで火葬場（千日谷火屋）があり、その後代々木に移転し現在も代々幡《よよはた》斎場として続いている。火葬場は鮫川支流の源流から、宇田《うだ》川（渋谷川の支流）の源流に移転したこととなる。都内にはほかにも堀之内や桐ヶ谷、落合と暗渠の近くに斎場が立地しており、非常に興味深い。

深い谷底から千日坂を登って台地の上に出れば、中央線の信濃町駅だ。前を横切る外苑東通りを北に進むと、四谷三丁目駅に着く。ぐるっと鮫川の源流に戻ったことになる。

鮫川の失われたラインを軸に街を見ていくと、一見かかわりがないかのように思える場所が、川を通じてつながっていることがわかる。そしてそれぞれの地域をクローズアップしてみれば、地形と密接に絡んだ都心部の街の変遷が見えてくる。失われた川がつくりだした空間と時間が、暗渠を通じて、鮮やかに目の前に広がっていくことだろう。

4 三田用水とそこからの分水路——「動脈と静脈の水路網」

【目黒区・渋谷区・品川区・港区】

三田用水の成り立ち

玉川上水の分水「三田用水」とそこからの分水路は、第1章で記した「動脈と静脈の水路網」の典型例といえる水路網だ。

1653年（承応《しょうおう》2）に開通した玉川上水は、江戸の飲用水の供給を目的としていた。やがて流域の村々の飲用水や灌漑《かんがい》用水として、数多くの分水が開削《かいさく》されていく。1664年（寛文《かんぶん》4）に開通した三田上水は、全長10キロほどの上水路で、最初期の分水の一つだ。現在の世田谷区北沢で玉川上水から分水し、渋谷区、目黒区、品川区を経て、港区高輪《たかなわ》からは地下に埋められた木樋《もくひ》で三田地区に飲用水を供給し港区芝に至った。先立つ1657年（明暦《めいれき》3）に、伊皿子《いさらご》（港区）の細川家下屋敷の泉水のために「細川上水」が開削されており、三田上水はこれにほぼ並行して造られたといわれている。

上水は1722年（享保《きょうほう》7）に廃止されるが、流域の村々の要望から、2年後の1724年（享保9）に「三田用水」として復活する。これ以降、上水は流域13村（北品川宿、上大崎、下大崎、谷山、上目黒、中目黒、下目黒、中渋谷、下渋谷、白金、今里、三田、代田）の田畑を潤す灌漑用水となる。

三田用水と地形

玉川上水と同じく三田用水もまた、尾根の上を選んで通されている。そのルートはちょうど、渋谷川と目黒川の分水界《ぶんすいかい》にあたる。分水地点の標高は40メートル、終点の高輪は標高29メートルと、高低差は11メートルほどだが、用水の通る細長い台地上と川の流れる低地との標高差は25メートル前後に及ぶ。台地に食い込む谷戸には、水田に水を引き入れるための分水が落とされて、そこを流れる渋谷川や目黒川の支流に接続された。こうして三田用水と目黒川・渋谷川のあいだに、あたかも動脈と静脈の関係性が成り立っていた。

三田用水の役割の変遷

三田用水は、時代によって次々にその役割を変化させてきた。まずは飲用水、次に農業用水、さらには動力源として、また、近代農業の発展にも寄与したり、流域の庭園の泉水への利用もされた。さらには流域の都市化の中で、その主な役割はビールの原料水、軍需産業の用水としての利用にシフトしていく。こうして、昭和49年（1974）に通水が停止されるまで300年以上にわたり、水は流れ続けた。分水地点から水路跡をたどりながら、それらをひもといていこう。

灌漑と動力に使われた分水路

京王線笹塚《ささづか》駅から南へ数分、一部が開渠で残されている玉川上水が再び暗渠となる地点に、かつて三田用水の取水口があった（写真①）。取水口は通水の停止まで存在していたが、その先の水路は昭和初期に、先立って暗渠化されている。

自然河川の暗渠化の場合は、水を集めやすい低地や谷沿いのため、下水道として転用されることが多い。一方、台地上の用水路はもともと水の流れない場所だったため、廃止されると埋め立てられ、痕跡がなくなってしまうことも少なくない。それでも道路や緑道、空き地と

①三田用水分水口跡。玉川上水が暗渠へ入っていく右脇の斜めに入り込んだ不自然なスペースが、分水口の水門跡だ。

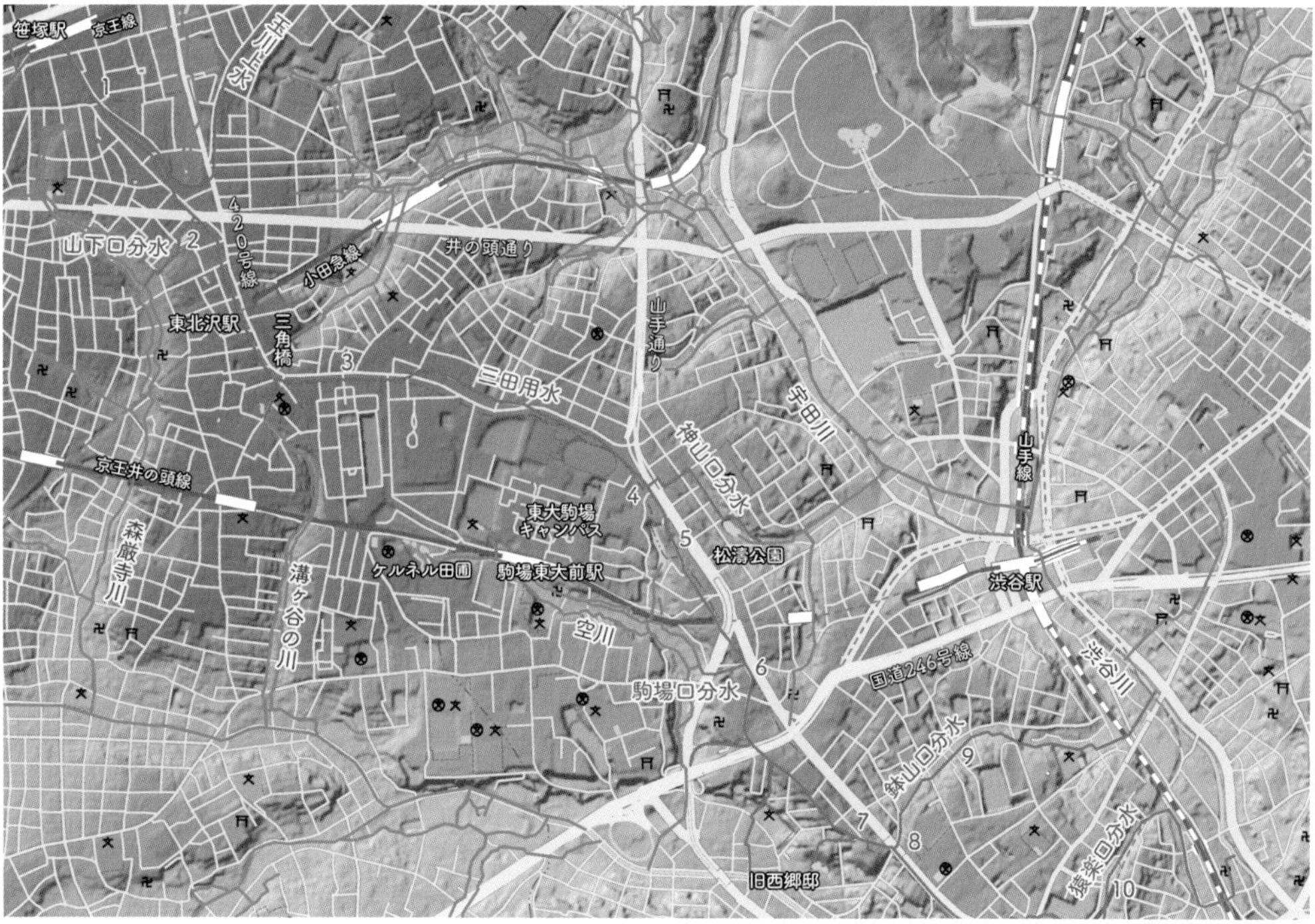
笹塚駅
京王線
玉川上水
1
山下口分水
2
420号線
小田急線
井の頭通り
東北沢駅
三角橋
3
三田用水
山手通り
宇田川
神山口分水
京王井の頭線
東大駒場キャンパス
4
5
松濤公園
山手線
森厳寺川
溝ケ谷の川
ケルネル田圃
駒場東大前駅
渋谷駅
空川
6
駒場口分水
国道246号線
渋谷川
鉢山口分水
9
7
8
旧西郷邸
猿楽口分水
10

10
猿楽口分水
渋谷川
代官山駅
道城池口分水
恵比寿駅
古川
恵比寿ガーデンプレイス
日本麦酒分水
12
玉名川
防衛省
白金分水
11
目黒川
山手通り
八芳園
自然教育園
13
14
15
三田用水
16
17
18
桜田通り
目黒通り
目黒駅
高輪台駅
雅叙園
宮内省御用邸跡
山手線
品川駅

②下北沢を流れる森厳寺川へとつながっていた、山下口分水跡の暗渠。三田用水がなくなった後も1990年代半ばまで開渠だった。

③東大先端研の門前に残る橋。この付近では水路が3メートルほどまで掘り下げられていたが、幅は橋幅の3分の1ほどだった。

④山手通り沿いに残る三田用水の遺構。高低差を調整するため、地面より高くなっている。側面の柵付きの穴は、神山口分水の分水口跡。

してたどれることもあるが、三田用水の場合は敷地を水利組合が所有していたため、組合の清算の過程で水路敷は払い下げられ、宅地などに転用されていった。このため、現在では水路跡の大部分がなくなってしまい、たどるのが困難になっている。

ただ、その分水は、自然河川に接続されていたこともあって、今でも多くが暗渠としてたどることができる。井の頭通りを横断した先、北沢小学校の脇に、さっそく分水路の暗渠が残っている（写真②）。

三田用水の分水は全部で17箇所あったという。それらは目黒川や渋谷川の支流へと接続され、流域の村々の灌漑に利用されていたが、谷底との落差が大きいことから水勢を得られるため、水車も数多く掛けられた。その数は、ピーク時の明治時代後半には49箇所に及び、精米・製粉をはじめ、工業の動力源としても利用された。これらの水車は、大正時代に入ると電力の普及で廃止されていき、昭和初期には姿を消す。

分水口からしばらくの間、三田用水は渋谷区と世田谷区の境界線を通る都道420号線から西に数メートルほど離れたところを、並行して流れていた。目黒区との3区の境になる地点には、「三角橋《さんかくばし》」の名前が交差点の名称として残っている。ここでも南側の「溝《みぞ》が谷《や》」と呼ばれる谷に分水が分かれていた。また、ここから800メートル先には、三田用水の橋の名を残す「二ツ橋」バス停もある。

近代農業と三田用水

三角橋から少し下った東京大学先端科学技術研究センターの正門前には、立派な欄干《らんかん》が残っている（写真③）。道路から数メートル離れた場所に一対で残るその欄干は、水路があった頃と同じ場所にある。しかし、欄干の向こう側には建物が建ち並び、水路の敷地は完全に失われている。

先端研から東京大学駒場キャンパスにかけての一帯は、日本農業の技術的近代化に大きな役割を果たした駒場農学校の敷地だった。1881年（明治14）に招《しょう》聘《へい》されたドイツ人の農芸化学者ケルネルは、土壌・肥料学を日本の農業技術に定着させた立役者だ。彼は稲作に着目し、灌漑水の組成を研究した。その舞台になったのが、農学校の敷地にあった谷戸田《やとだ》だ。この水田には湧水のほか、三田用水からの水が取り入れられていた。三田用水の水は、日本農業の近代化にも寄与していたことになる。谷戸田の一部は現在も京王井の頭線の駒場東大前駅そばに「ケルネル田圃《たんぼ》」として維持されている。

ビール工場と暗渠化

東大駒場キャンパス裏門を通り過ぎると、山手通りの歩道の脇に、細長い箱状のコンクリート構造物が現れる。前後の区間は消滅しているものの、これは現在数少なくなった三田用水暗渠そのものの遺構だ。水位を一定の高さに保つため、このように底上げした水路となっている（写真④）。

三田用水の暗渠化は1929年（昭和4）に開始された。この時期の都心部の川では、都市化による水質の悪化により、暗渠化と下水道への転用が起こっていたが、三田用水の場合は逆に、水質を維持するため暗渠化が行われた。「日本麦酒《にっぽんビール》」恵比寿工場（現・サッポロビール）がその施工主だ。三田用水の水はビール製造にも使われており、工場では1889年（明治22）の開業時から、三田用水の通水量の2〜3割ほどを利用して、ビールを製造していた。そこで製造していた「エビスビール」は、恵比寿の地名の由来ともなった。

暗渠化は蓋掛けではなく、内径80センチほどの土管の埋め込みで実施され、取水口から恵比寿の日本麦酒分水口までの区間が、1938年（昭和13）までに暗渠になった。用水の水は当初はビールの原料水として、のちには瓶の洗浄水や冷却水として、1974年（昭和49）の用水廃止まで利用が続いた。

この遺構の先から、暗渠は山手通りを離れ、目黒区と渋谷区の区界となっている裏道に沿って、南東へと進んでいく。裏道が三田用水の暗渠のようにも見えるが、実際には道の東側の、家が建ち並ぶところに流れていた（写真⑤）。よく見ると、水路の敷地を示す境界石や、水路の幅の細長い建物といった、水路があった証拠を見つけることができる。滝坂道《たきさかみち》と交差する地点には、暗渠の点検口が残っている。ここは三田用水の流れる尾根（渋谷川と目黒川の分水界）がもっとも細くなる地点である（写真⑥）。

⑤三田用水の暗渠が埋まっている築堤を越える階段。築堤の上には家が建ち並ぶ。暗渠はその下を右から左へと流れていた。

⑥三田用水暗渠の点検口。用水は左奥から右手前へ流れていた。右奥と左手前（写真外）の両側に坂が下る、馬の背のような場所だ。背後の坂を右に下ると渋谷川水系の神泉谷へ出る。目黒川水系の空川につながる駒場口分水は、この付近で左側に分けられていた。

屋敷の泉水への利用

大山街道（国道２４６号）を越えると、水路は台地の南西側の縁ぎりぎりのところを南東に進んでいく。台地の縁は高低差20メートル程度の、崖のような急斜面となっていて、その下は目黒川の流れる低い谷となっている（写真⑦）。明治時代には斜面下の西郷従《つぐ》道《みち》の邸宅（現・菅刈公園）に分水が引かれ、庭園の滝や池に利用されていた。三田用水からはほかにも澁澤邸（現・八芳園）、宮内省御用邸（現・プリンスホテル新高輪）など、流域各所の屋敷の庭園に水が引かれており、水利組合にその利用料が支払われていた。１９２７年（昭和２）以降は三田用水の農業利用は完全になくなり、日本麦酒や海軍技術研究所、そしてこれらの庭園だけで使われるようになった。

火薬製造や自衛隊での水利用

旧・山手通り沿いに出ると、三田用水は西郷橋（写真⑧）を渡り、しばらく通りに沿って流れていた。西郷橋付近では鉢山口《はちやまぐち》分水（写真⑨）が、猿楽塚《さるがくづか》付近では猿楽口分水（写真⑩）が分かれ、いずれも渋谷川の支流に接続されていた。

鎗《やり》ヶ《が》崎《さき》交差点では、駒沢通りが台地の縁を下る切通しになっていたため、水路橋で駒沢通りを渡り、中目黒の台地へと向かっていた。この水路橋は周囲のビルの４～５階相当の高さで通っていてランドマークと

⑦西郷山公園の手前付近。三田用水は中央の道沿いに奥から手前に流れていた。左側の道を見ると、水路が台地の縁ぎりぎりを通っていたことがよくわかる。

⑧西郷橋は1939年（昭和14）竣工。三田用水は橋の上を山手通りとともに左から右へと渡っていた。

⑨鉢山口分水がつながっていた渋谷川支流の暗渠。鶯谷町を流れている。

なっていたが、１９８２年（昭和57）に撤去された。今は前後の暗渠や橋台もなくなり、その面影はどこにも見当たらない。

駒沢通りより先の区間は、大型マンションの敷地内や陸上自衛隊目黒駐屯地の中を通っており、確認することはできない。再び道路沿いとなるのは、中目黒と三田の境目となる新茶屋坂の切通しより先だ（写真⑪）。この切通しには最近まで「茶屋坂トンネル」があった。台地に切通しで道を通した際に、三田用水の水路

⑩猿楽口分水の痕跡はほとんどなくなっているが、代官山アドレスの近くに、大正 13 年に架けられた「新坂橋」の欄干が残っている。

のところだけトンネルにしていたもので、現在は記念碑にその姿を確認できる。

陸上自衛隊目黒駐屯地もまた、三田用水と深い関係を持っている。そのルーツは１８５７年（安政《あんせい》４）に江戸幕府が、三田用水に設けた水車を動力源として開いた火薬製造所に遡る。明治時代に入り、１８８５年（明治18）には海軍造兵廠《ぞうへいしょう》火薬製造所としての稼働が開始する。これに先立ち、１８８０年（明治13）には玉川上水に「海軍火薬製造所分水」の取水口も設けられ、三田用水の水に加えられている。

動力源が蒸気機関や電力へと切り替えられていくと、三田用水の水はボイラーや冷却水への利用が中心になっていった。そして、１９２９年（昭和４）、火

⑪新茶屋坂。現在は切通しだが、以前は隧道となっていて、左から右に三田用水の水路が通っていた。坂の途中に隧道の銘板と当時の写真が掲示されている。

⑫白金分水の暗渠。1698 年に、広尾の白金御殿のために引かれた白金上水がルーツである。

⑬目黒駅北西側の三田用水暗渠。道路に沿った細長い建物と、その手前の白いコンクリート舗装の空間に流れていた。

薬製造所が移転し、跡地に海軍技術研究所が開設されると、三田用水はそこに設けられた、全長２５０メートルの大規模な実験用プールの水源として利用されるようになる。戦後、進駐軍の恵比寿キャンプだった時期を経て、施設は１９５６年（昭和31）には防衛庁技術研究所となり、現在の防衛装備庁艦艇装備研究所に至る。三田用水の水は送水がストップする１９７４年（昭和49）まで実験用プールの水や雑用水として使われ続けた。

なお、海軍技術研究所となった際に敷地が大きく掘り下げられたため、三田用水は逆サイフォン式の暗渠で低い区間を抜けるよう改修されている。敷地西端の竪坑《たてこう》で７・９メートル下がった水路は、全長３００メートルの暗渠を抜け、東側の竪坑で再び７・６メートル上がって、茶屋坂方面へと流れていた。

断片的に残る遺構

新茶屋坂の先から、水路は再び道路沿いにたどれる

⑭今里橋は1930年に竣工した、鉄筋コンクリート橋だ。補修されることなく、ぼろぼろになっている。橋の背後の建物が三田用水の敷地である。

⑮台地の鞍部を越えていた築堤の断面が保存されている。この付近で右へ玉名川につながる分水が、左に目黒川支流の篠の谷につながる分水が分かれていた。

ようになる。日の丸自動車教習所付近で、水路は目黒区を離れ、品川区へと入っていく。教習所の前には、三田用水の説明板が設けられており、江戸時代に設けられた用水の木樋の礎石が合わせて保存されている。この付近で、日本麦酒の工場（現・恵比寿ガーデンプレイス）への分水や、白金分水（写真⑫）、目黒川方面への分水が分けられていた。ビール工場は三田用水からの送水が停止された14年後の1988年に閉鎖され、敷地は恵比寿ガーデンプレイスに生まれ変わった。

水路は山手線沿いを南下していき（写真⑬）、目黒駅付近で直角に向きを変え、引き続き谷を避けて台地の縁を、弧を描くように東へと進んでいく。水路跡は断続的に道沿いの細長い敷地としてかろうじて確認できる程度で、直接的な痕跡は見当たらない。

しかし、目黒通りを離れて終点の近くに来ると、いくつかはっきりとした遺構が現れてくる。まずは1930年（昭和5）に竣工した「今里橋」の欄干である（写真⑭）。その先には、道沿いに細長くコンクリートの暗渠が残っており、歩道が横切るところには小さ

⑯三田用水の暗渠の上に建つ今里地蔵から上流方向を望む。水路は奥から築堤を通り、祠の直下に至っていた。現在築堤は切り崩され、家が建ち並んでいる。

⑰三田用水の流末も起点付近と同様に、表通りから少し離れた場所を並行して流れていた。暗渠を横切る道路のわずかな盛り上がりで、その流路がわかる。

⑱町内会掲示板前の細長い不自然なスペースが、三田用水の通っていた場所と推測される。

な欄干も見られる。周囲は大木が鬱蒼《うっそう》としており、かつて水が流れていたころの様子を偲ばせる、貴重な区間だ。

　そして、暗渠の先には水路の断面が保存されている（写真⑮）。この場所は白金の台地と高輪・三田・芝の台地の鞍部《あんぶ》となっており、水路は高度を保つために築《ちく》堤《てい》で越えていた。用水の利用停止後、築堤の大部分は造成のために壊されてしまったが、その付け根の部分だけは史跡として断面を露出させる形で残された。この場所には左右両岸に分水口が設けられており、水路の断面が二つ並んでいるように見えるのは、その関係かもしれない。

　水路沿いの道は鞍部の地形をなぞり、いったん下ってから高輪の台地に上る。坂を上ったところには、今里地蔵尊の祠《ほこら》が建てられている（写真⑯）。高輪の台地に入った水路は、道の北側の少し奥まったところをしばらく東進し（写真⑰⑱）、現在の都営地下鉄浅草線高輪台《たかなわだい》駅前で桜田通りにぶつかったところで終点となる。上水時代は、ここから先は木樋の暗渠となって台地を北上し、高輪、三田を経由し、余水は芝で古川《ふる》や入間川《いりあい》（現在は消滅）に落とされていた。また、用水になってからは、南下して目黒川に落ちる小川につなげられていた。

三田用水跡をたどりにくい理由

三田用水の痕跡をたどることは、なかなかに困難をともなう。この背景には、暗渠化が早かったことに加えて、水利権と土地所有権をめぐる、三田用水普通水利組合と東京都の争いがあった。長年にわたる裁判を経て、1969年（昭和44）に、水利権は東京都に、水路敷は水利組合の所有とする最高裁判決が下る。これを受け、水路敷の確定整理と送水停止後の払い下げが進み、1984年（昭和59）の組合の清算完了までには、すべての水路が民間の土地か道路となった。

通常は、河川や用水の暗渠は公有地となるので、道路や緑道、空き地として流路を留めることが多い。しかし、三田用水の暗渠はこのような経緯で流域の町の変化とともにほかの私有地に組み入れられ、急速になくなっていった。

これだけ歴史的な意義を持ちながら、三田用水の大部分が消滅し、その存在が忘れられていくのは残念なことだ。それでもなお、地形や古地図、資料などをもとに追跡していくと、かすかな痕跡を各所に見つけることはできる。そして、一帯の地形や景観、施設の立地やなりたちの過程を三田用水の〝動脈と静脈のネットワーク〟が結びつけていたことを実感することができるだろう。

5 仙川のあげ堀——川の両岸に残る双子の暗渠【調布市・世田谷区】

あげ堀―コンパクトな「動脈」と「静脈」

神田川や石神井《しゃくじい》川などの川には、各地から合流してくる支流の暗渠のほかに、川沿いに並行して続く暗渠も存在する。それは、川沿いの谷戸に拓かれた水田に水を引き込むための水路「あげ堀」の暗渠である。

あげ堀は、川に堰《せき》を設けて水位を上げて取水し、谷戸の端に沿うように流れる。これにより、川との間に挟まれた水田に水を供給し、その後再びもとの川に合流する。「動脈と静脈の水路網」（第1章参照）の小規模版ともいえる。あげ堀が動脈、川が静脈の役割だ。

このようなあげ堀の暗渠は、高度経済成長期まで川沿いが宅地化されずにいた上中流部に、多く残っている。そして、川の本流の流路はまっすぐに改修されているのに対し、あげ堀は地形をなぞったもとの流路がそのままの形で残っていることが多い。

このため、あげ堀の暗渠をたどると、今も流れる川の周囲に沿った谷戸の地形がはっきりとわかる。そして、谷戸の底に細長く連なっていたかつての水田の風景が浮かび上がってきて、支流の暗渠をたどるのとはまた違った愉しみがある。

一例として、仙川《せんかわ》に並行するあげ堀の痕跡を追ってみよう。仙川は、小金井市貫井《ぬくい》北町《きたまち》を上流端とし、三鷹市、武蔵野市、調布市、世田谷区を経て野《の》川に注ぐ一級河川だ。仙川の名は「千釜《せんかま》」に由来するともいう。これは三鷹市新川にあった、丸池やベンテンヤといった源流の池で、煮え立つ釜のように水が湧き出していたことを表す言葉だ。また「給田《きゅうでん》川」「大川」とも呼ばれていた。川に沿ってあげ堀があったのは現在の調布市緑ヶ丘、仙川町より下流部である。仙川が世田谷区給田、上祖師谷《かみそしがや》に入ってからは、暗渠や空堀《からぼり》としてたどることができる。

京王線付近からの右岸側あげ堀

まずは京王線仙川駅から西に向かうと、旧・甲州街道が仙川を渡る大川橋の手前、仙川の右岸側の住宅街に入る道路の端に、蓋をされた小さな側溝がある（写真①）。ここから、仙川右岸のあげ堀の痕跡が始まる。ただの溝にも見えるが、たどっていくとすぐに橋跡が見え、その先に柵に囲まれた緑地帯と、その中央を流れる細い水路が現れる（写真②）。このあげ堀は、現・甲州街道の仙川橋が架かる付近に堰を設け、分水していたという。灌漑に使われていた頃はもっと幅のある水路だったようだ。

水路は50メートルほど続いた後、京王線の線路をくぐって車道沿いの歩道の下に姿を消す。しかし、左手（東から北側）を流れる仙川と一定の距離を置きなが

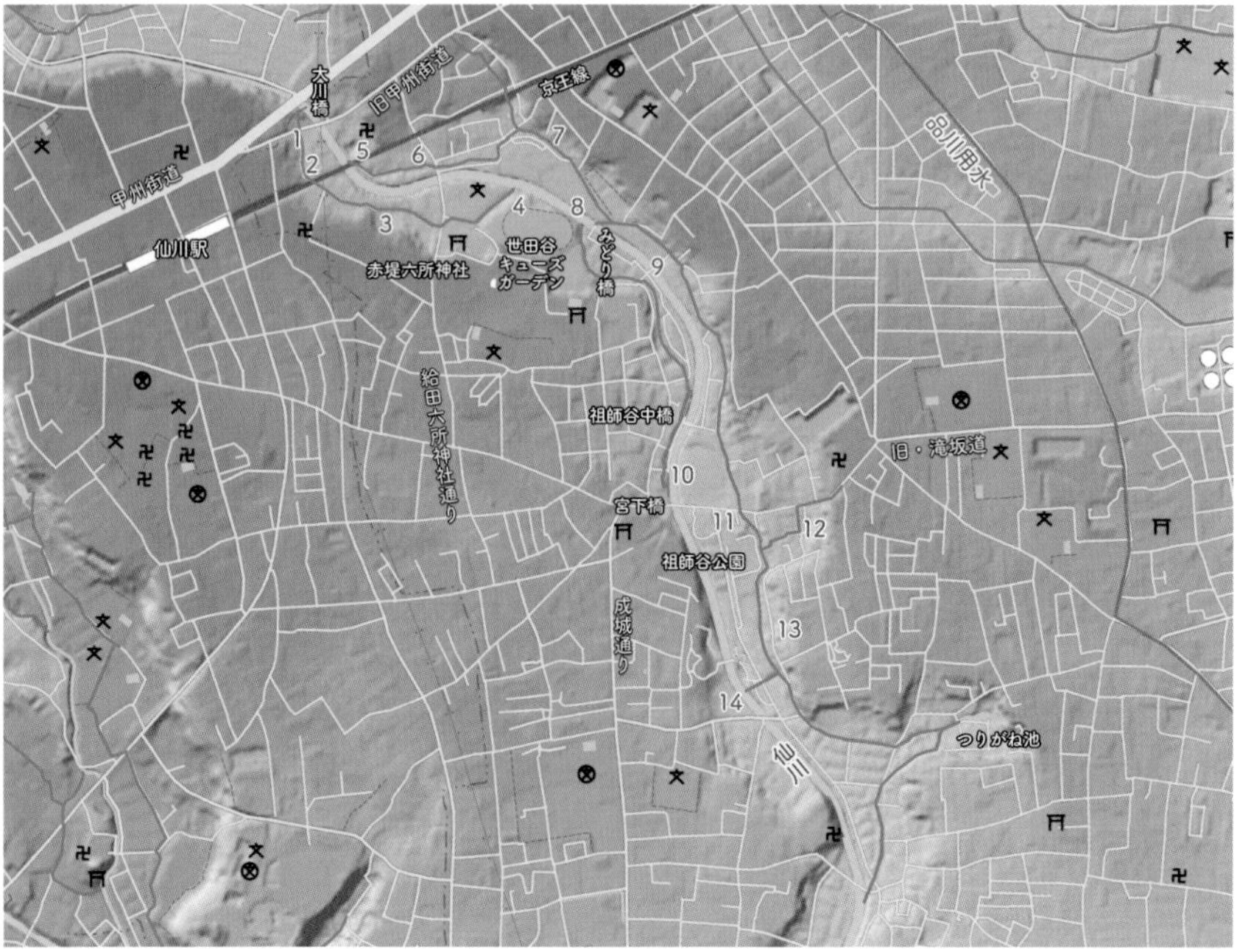

ら、くねくねと曲がりくねる様子は、そこが川であったことをはっきり示している。しばらく進むと、歩道はコンクリート蓋掛けの暗渠に姿を変える（写真③）。メンテナンスされているようで、あまり古びた様子はない。この蓋暗渠は100メートルほど続いたのち、給田村の村社であった「赤堤《あかつつみ》六所《ろくしょ》神社」の脇を未舗装の道に姿を変えて抜け、世田谷キューズガーデンのグラウンドの端で仙川へと戻る（写真④）。短い区間の中に、一度に水路の変遷を見られるような暗渠だ。

京王線付近からの左岸あげ堀

再び甲州街道付近まで遡り、今度は左岸（東側）のあげ堀の跡を追う。こちらは、右岸のあげ堀の堰より下流に設けられた堰から水を引き込んでいた。暗渠は京王線の線路側から始まっている（写真⑤）。仙川に並行して、コンクリート蓋の暗渠が住宅地の中を緩やかに曲がりくねりながら下っていく（写真⑥）。ひと

①右岸あげ堀暗渠の始まり。道路が暗渠のほうへ、緩やかに傾斜している。

②水路に比べ敷地の幅が広い。数年前までは、蓋掛けされていなかった。

③京王線の南側。あげ堀の暗渠は、並行する仙川よりも、細かく蛇行している。

目で暗渠だとわかる。

　仙川とのあいだに挟まれた水田は、１９６０年代半ばの河川改修と宅地造成の際に盛り土がされ、小高くなっている。やがて暗渠は緑に囲まれた遊歩道となり、給田南住宅の手前で大きくカーブし、道路に挟まれた緑地帯の真ん中を抜けて流れていく。この付近は、往時の田園風景を彷彿《ほうふつ》させ、見えない水が見えてくるような、どこか懐かしさのある風景だ。左岸側は段差があり、谷戸の底の東端に沿って流れていることがはっ

④仙川の護岸に開いた、右岸あげ堀の合流口。ふだんは水は流れていない。

⑤左岸側の暗渠の始まり。

⑥左岸のあげ堀は、右岸のあげ堀よりだいぶ幅が広い。ゆったりと蛇行して流れていく。

⑦給田南住宅付近は、暗渠沿いの緑が色濃く、しっとりとした佇まいの暗渠が続いている。

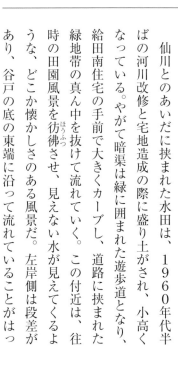

きりとわかる（写真⑦）。暗渠の蓋にはところどころ通気口が開けられており、下水ではなく雨水などを流しているようだ。

京王線の南側から途切れることなく続いていたコンクリート蓋暗渠の区間は、佼成《こうせい》学園幼稚園の前で終わる。その先は整備された歩道となって園庭の脇を通っていく。現在はみどり橋のたもとで仙川に合流しており、護岸の出口からはきれいな水が流れ落ちている。暗渠内のどこかで湧水が加わっているようだ。

⑧みどり橋から右岸にひかれたあげ堀。右側は数年前まで第一生命相娯園の緑で鬱蒼としていたが、敷地の再開発で視界が開けた。

みどり橋からの右岸あげ堀

1950年代後半までは、みどり橋のたもとにも「おおぜき」「おおたげえのせき」と呼ばれる堰があって、両岸にあげ堀を分けていた。まずは今でも暗渠や開渠が残っている右岸のあげ堀を追っていく。

みどり橋よりやや上流、世田谷キューズガーデングラウンドと住宅地の境目に、仙川のすぐそばからコンクリートの蓋暗渠が始まっている（写真⑧）。現在仙川は深く掘り下げられているため、川から水が入ることはない。雨水などの排水路として残されたと思われる。右岸のあげ堀は住宅や崖などが迫り、水路沿いをたどることがほとんどできないが、ところどころで水路に交差する道から水路を確認していくたびにコンクリート張りの水路（写真⑨）、蓋掛けの暗渠、砂利道や空き地（写真⑩）と、さまざまにその姿を変え、飽きさせない。

祖師谷中橋の手前で大部分の水は仙川に合流してい

⑨水のない水路が家々の隙間を縫って通っている。

たが、一部はさらに並行して流れ、宮下橋の手前まで引かれていた。この区間の水路は仙川と20メートルほどしか離れてないが、終戦直後の航空写真を見ると、しっかりとその細い隙間に水田が作られている。

みどり橋からの左岸あげ堀（類さん川）

次は左岸のあげ堀だ。みどり橋から左岸に分かれたあげ堀には、京王線付近からの左岸のあげ堀の流末も

⑩仙川への合流地点付近は草に埋もれている。

つながっていた。こちらは1960年代半ばに暗渠化されて、祖師谷公園までの区間は道路となり、あまり暗渠らしさは感じられない。ただ、左岸には谷戸沿いの崖が迫り、地形は今でもよくわかる。戦後しばらくまでは、崖下からの湧水があったという。あげ堀は、仙川からの水だけではなく、これらの湧水も集め、流れていた。

旧・滝坂道を渡って祖師谷公園に入ると、公園内にコンクリート蓋の暗渠が現れる（写真⑪）。暗渠のほとりには地元の郷土研究会が設けた「類さん川」の案内板が設置されている。近隣に住む人の名前をとってそう呼ばれていたとの説明があるが、いったいいつ頃の話で、どれだけのあいだこう呼ばれていたのかは、

⑪「類さん川」の暗渠は公園の遊歩道になっている。

⑫旧滝坂道沿いの水を集めていた水路の暗渠。「悪水路」と呼ばれていた。

不明だ。

暗渠は公園沿いを歩道となってしばらく進む。途中で旧・滝坂道沿いから流れてきた水路の暗渠が合流する（写真⑫）。水路が再び公園の敷地に入ると、そこから先はしばらく蓋のない開渠となる（写真⑬）。草の生い茂る、荒涼とした窪地に残る古いコンリート張りの水路は趣深い。

水路はやがて鞍橋《くらはし》の近くで直角に曲がって、再び暗渠となる。１９６０年代初頭まではここで「つりがね池」から崖線下を伝って南東から流れてきた水路が合流していた。つりがね池は仙川の谷戸の崖線に食い込む小さな枝谷の湧水池だ。池からは水路が二手に分かれて流れ出し、仙川沿いの水田を潤していた。公園を横切った暗渠は、仙川に合流して終わる（写真⑭）。祖師谷公園は戦時中の防空緑地までその計画が遡れる。昭和50年（１９７５）には開園しているのだが、今も周囲の土地を買収して拡張工事が続いている。ほかの三つの暗渠と比べてやや異質の、野性味のようなものが感じられるのはそのせいだろうか。

⑬開渠の区間は周囲よりだいぶ窪んでいる。
ふだんは水は流れていない。

⑭仙川の護岸に暗渠の合流口
がぽっかりと開いている。

仙川沿いの四つのあげ堀をここまでたどってきた。それぞれのあげ堀と仙川のあいだの低地には、1960年代初頭頃までは、水田が広がり、谷戸の上の丘陵には雑木林の生い茂るのどかな風景が広がっていた。今ではすっかり変わってしまったが、あげ堀の暗渠をたどってみることで、地形と川を上手に利用することで成り立っていた、川沿いならではの水田風景をイメージできるのではないだろうか。

6 前谷津川——台地に刻まれた深い谷と「根と枝葉の水路網」【板橋区】

板橋区の地形と前谷津川

板橋区北部は、南側の高台と北側の低地が対照的なエリアだ。高台は武蔵野台地の北端にあたる成増《なります》台で、標高30メートル前後である。低地は荒川低地と呼ばれ、標高5メートル以下だ。その名のとおり荒川の氾濫原《はんらんげん》であった。大地と低地の境目には、この25mの標高差を一気に下る急峻な崖線が東西に連なっている。

そして台地には枝状に切り込む複雑な谷戸《やと》地形が発達している。東から順に、蓮根《はすね》川、出井《でい》川、前谷津《まえやつ》川の水系がこれらの谷戸を流れる水を集め、荒川低地に出て新河岸《しんがし》川（昭和初期までは荒川）に注いでいた。現在はいずれの川も暗渠化されている。

前谷津《まえやつ》川はこれらの中でもっとも大規模な川だ。板橋区下赤塚《しもあかつか》に発し、全長5キロほどを経て高島平《たかしまだいら》で新河岸川に注ぐその流路は、台地部と低地部で様相を大きく変える。台地部では西から東へと、支谷《しこく》の流れを束ねながら深く、広い谷筋を流れる。流域の谷戸地形の多くは、都区内では珍しく「谷津《やつ》」と呼ばれている。そして低地に出ると、高低差のほとんどない平原を南から北へと向かう。

「前谷津」は中流部の地名をとった名前で、マヤツガワ、マエヤガワとも呼ばれた。川全体を「前谷津川」と呼ぶようになったのは戦後になってからだ。それまでは、上流部は水の流れが速く、川に礫《れき》層が露出していたことから「石川」と呼ばれていた。また下流部は「江川《えがわ》」と呼ばれていた。これは荒川低地を流れる小川の、流れが緩やかになった区間によくつけられる名前だ。

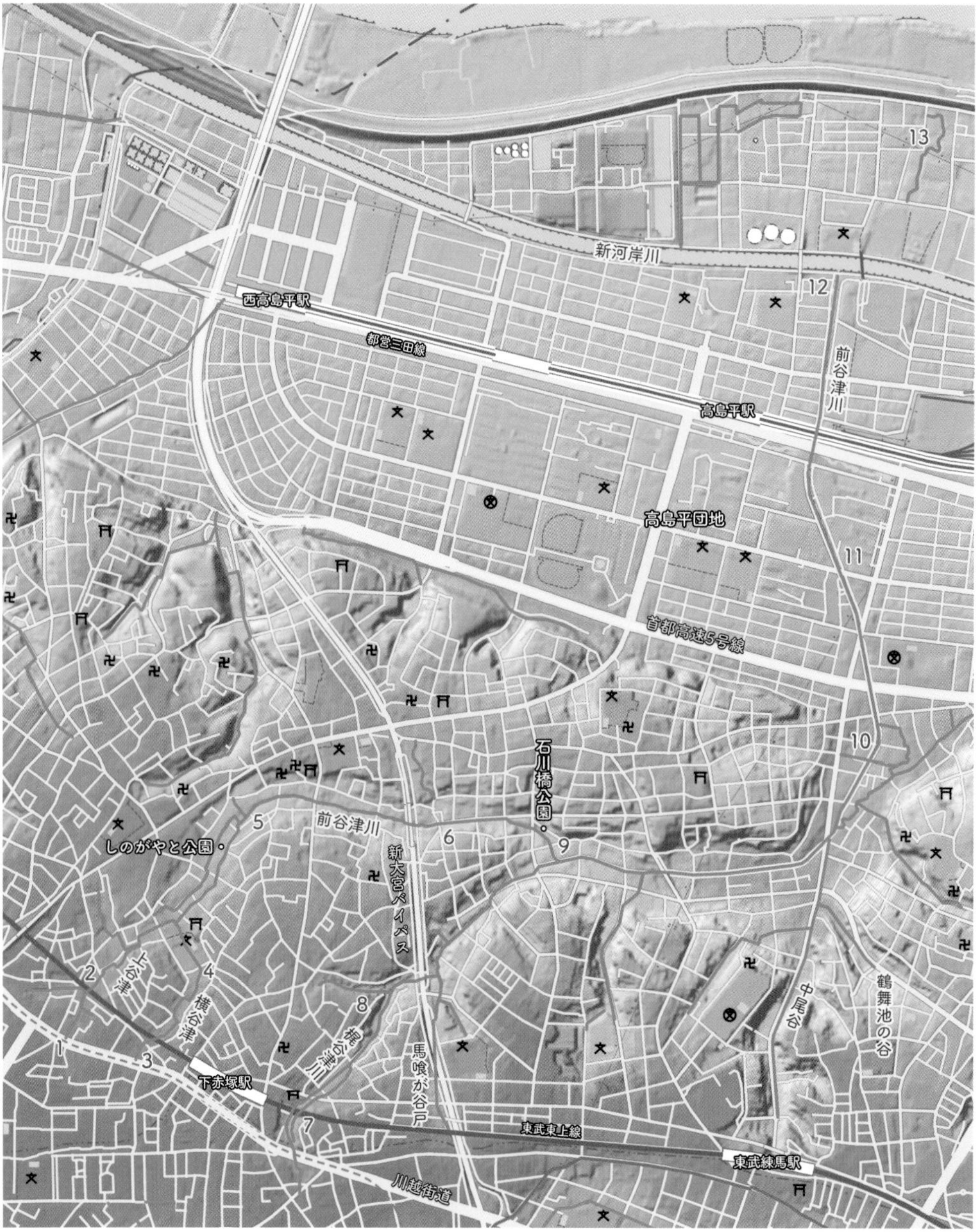
13
新河岸川
12
西高島平駅
都営三田線
前谷津川
高島平駅
高島平団地
11
首都高速5号線
10
石川橋公園
5
前谷津川
6
9
しのがやと公園
新大宮バイパス
2
上谷津
4
横谷津
中尾谷
鶴舞池の谷
8
梶谷津川
1
3
下赤塚駅
馬喰が谷戸
7
東武東上線
東武練馬駅
川越街道

上流──上谷津と横谷津、篠ヶ谷戸

東武東上線下赤塚駅から、川越街道を西へ600メートルほど進むと、道の北側に柵に閉ざされた細い空き地があり、そこには「ここは水路です」の標識が立っている。奥を覗くと、コンクリート蓋の暗渠が続いている。ここが前谷津川の上流端だ。標高は32メートルほどで、始まりはまだ台地上の浅い窪地に過ぎない。だが、家々の裏手を抜けた暗渠は、東上線の手前で西側からの短い支流を合わせると「上谷津」と呼ばれる深さ2メートルほどの谷となって北東へ下っていく（写真①②）。

標識の地点から川越街道を200メートルほど東に戻った地点には、もう一つの源流がある。入り口に石橋供養塔（1765年〔明和《めいわ》2〕建立）の建つアスファルト舗装の暗渠が、北へと続いている（写真③）。流れる谷は横谷津と呼ばれ、こちらを本流とする見方もある。家々が背を向け、裏路地感の漂う暗渠は下赤塚小学校の北側まで続き、上谷津からの流れと合流する（写真④）。

二つの流れの合流後しばらく進むと、谷戸の谷底をそのまま公園にした赤塚しのがやと公園に出る。「しのがやと」は「篠ヶ谷戸」である。公園を挟んだ反対側（西側）の道路もかつての水路跡だ。戦前までは湧水があり、水田に利用していた。地形が急峻で水も乏しかったため、前谷津川上流部ではここが唯一の水田だった。

これより先、暗渠は緑道となり、東へとカーブしつつ谷を下っていく（写真⑤）。台地上との高低差がだんだん広がっていき、新大宮バイパスをくぐると、谷戸の深さは8〜9メートルほどとなる。谷戸の北側の斜面は水車公園になっていて、高低差を利用した上掛け式の水車が復元され、かたわらに小さな水田も作られている（写真⑥）。

②東武東上線の線路北側に蓋掛け暗渠が続く。

①源流部の暗渠は通り抜けができないため、暗渠に面した家々の庭と化している。

④線路の北側にも横谷津の細い暗渠路地が続いている。下赤塚小学校の敷地を抜けた先で上谷津の流れに合流する。

③横谷津支流暗渠のはじまり。1765 年建立の石橋供養塔が建つ。

⑥水車公園には復元された水車が回り、秋には小さな水田に稲穂が稔る。暗渠沿いには人工のせせらぎや滝が造られている。

⑤しのがやと公園より下流は、前谷津川緑道として整備されている。各所に擁壁があり、暗渠が低くなっていることがわかる。

⑦東武東上線の土手が梶谷津川源流部の窪みを横切っている。谷底には並行する２本の暗渠が残っている。

⑧梶谷津川に途中で合流する支流の暗渠では、谷戸と台地の高低差が観察できる。

梶谷津川

ここで、前谷津川最大の支流「梶谷津川《かじやっ》」も見てみよう。下赤塚駅の東側で、東武東上線の土手が谷を跨いでいる。この谷が「梶谷津」だ（写真⑦）。川は川越街道の南側の浅い窪地に始まり、この谷を北東に向かって下っていた。東上線の北側から新大宮バイパスにかけての区間は遊歩道となっている。

暗渠に沿って谷を歩いていくと高低差を実感できるものの、暗渠になる前の梶谷津川は今よりはるかに険しい谷を流れていた。斜面を雑木が覆い、川岸には草が生い茂っていって深い淵のような川だったという。

この風景は１９６０年代半ばからの区画整理で一変する。谷の斜面を削り、谷底を埋め立てて高低差はだいぶ均された。特に新大宮バイパスの東側では、谷底の盛り土は５メートルに及び、川は道路の下深くに付け替えられて暗渠となった。このため、前谷津川との合流地点まで、川の面影は失われている。

新大宮バイパスと交差する地点では「馬喰《ばくろう》が谷戸」を流れる支流が合流していたが、こちらも道路の下敷きとなり、上流部に一部が暗渠で残るのみだ。

中流—中尾谷、鶴舞池の谷

前谷津川は石川橋公園付近で一気に5メートルほど下り、梶谷津川と合流する（写真⑨）。このあたりから谷底の幅はところによっては幅100メートルほどまで広がり、台地との標高差も20メートル近くまで及ぶ。深く大きな谷底は昭和初めまで水田だったが、区画整理にともない、川は直線化され掘り下げられた。水面が低くなったことで水を引けなくなった水田は、畑に転用されていった。

⑨右から前谷津川、左奥から梶谷津川の暗渠が合流する地点。それぞれ道路沿いの緑道になっている。

谷筋が北へと向きを変える地点では、中尾谷からの流れが合流していた。中尾谷は、東武練馬駅の北側から急に深く落ち込む谷だ。前谷津川の支流はその谷底を曲がりくねって流れていたが、地蔵通りが整備された際に通り沿いの直線の水路となった。その後1970年代初頭には暗渠化され、歩道と一体化してわからなくなっている。

このように、前谷津川の支流には、谷の凹凸地形こそ明確なものの、区画整理や道路の整備でわかりづらい暗渠になっているものが多い。

また中尾谷の東側にある、徳丸小学校のほうへも、かつては東上線の線路のすぐ北側まで食い込む険しい谷があった。しかし、こちらは戦後から1960年代末にかけて、都の塵芥《じんかい》処理場となり、谷の大部分が埋め立てられている。現在西徳第一《にしとくだいいち》公園となっている付近に、水源の一つ、鶴舞《つるまい》池があった。「鶴舞」は水と関係の深い地名だ。

⑩下流の暗渠は幅の広い緑道として整備されており、散歩道として近隣の人々に親しまれている。

下流ー谷から平地へ

中尾谷の川との合流地点を過ぎると、川はやがて谷から荒川低地へと出て、高島平へと北上していく（写真⑩）。台地から出る地点の谷幅は250メートルほど、谷底の標高は6メートルほどだ。河口部の標高が4メートルなので、ここから先はほぼ勾配のない緩やかな流れとなる。右岸（東）側には、蛇行していた頃の流路が曲がりくねった道となって残っている。低地部の流路は戦前の耕地整理と、戦後の区画整理の二度にわたって付け替えられ、洪水対策で拡幅された。これを背景に暗渠は車道に挟まれた幅広の緑道となっていて、桜などの木々が植えられている。

高島平団地となった徳丸田んぼ

高島平はかつて徳丸《とくまる》が原と呼ばれる広大な原野で、江戸時代には幕府の鷹狩場に、末期には西洋砲術の演習の場として使われていた。明治に入ると原野は切り開かれ水田となっていく。大正期には荒川の改修と新河岸川新水路の開削によって、荒川の氾濫による影響を受けなくなった。その結果、水田の生産性は向上し「赤塚田んぼ」「徳丸田んぼ」と呼ばれる、米の一大産地となった。１９４１年（昭和16）には耕地整理が始まり、格子状の水田が整備された。そこには、前谷津川や白子《しらこ》川、そして崖線下からの湧水を引き込み、南北に並行に流れる何本もの用水路からなる「根と枝葉の水路網」が形成された（図１）。

しかし、都市化の波や新河岸川沿岸の工業地化により地下水の涸渇や、地盤沈下、水の汚染といった問題が発生し、稲作は立ち行かなくなっていく。こうして水田は１９６３年（昭和38）に日本住宅公団に売却され、１９６６年（昭和41）からの大規模な土地区画整理事業を経て、１９７２年（昭和47）に高島平団地が竣工《しゅんこう》する。水田と水路網は消滅して高層団地が建ち並び、前谷津川は林立する団地の中央を縦断して北へと流れるように付け替えられ、地名も高島平に変更さ

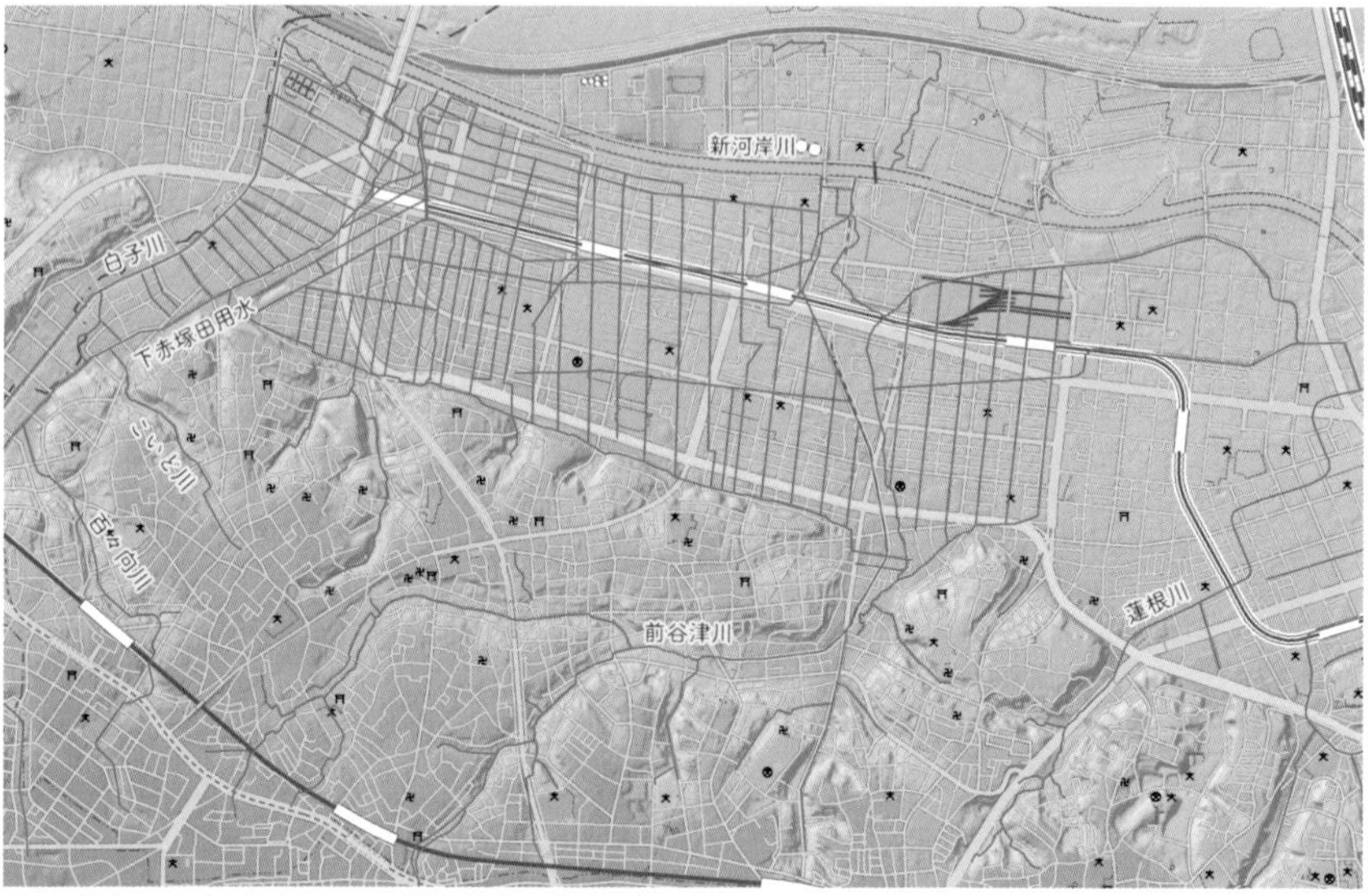

図1　徳丸田んぼに広がっていた「根と枝葉の水路網」

⑪高島平団地内の前谷津川暗渠。暗渠化直前、団地内の前谷津川にはすでに水が流れていなかった。昔は見渡す限りの水田風景だったが、今は団地の谷間だ。

れた。

川の汚染と暗渠化

徳丸が原の水田消滅と同時期、前谷津川も流域の市街地化や、東武練馬付近の工場群からの排水流入で、急激に汚染が進んでいく。1972年の調査では、9箇所の工場から連日2300立方メートルの排水が流れ込み、川の色は1日の中で緑色、青緑色、灰色、黄褐色などに色を変えた。生物が住めない死の川は、1970年代半ばから暗渠化され、下水道下赤塚幹線に転用された。暗渠化と同じ時期、工場の排水規制や郊外移転が始まり、跡地はマンションや公営住宅になっていく。もう少し早く始まっていれば、もしかしたら川は暗渠にならずに済んだのかもしれない。

団地内の区間だけは下水に転用されなかったため、最後まで残っていたが、1984年（昭和59）には暗渠化され、これにより前谷津川は全区間が暗渠となった（写真⑪）。

⑬新河岸川の北側にある蓋掛け暗渠。前谷津川の最下流部が、新河岸川が開削された際に分断され取り残された区間の名残だ。

⑫新河岸川との合流地点には大きな水門が設けられている。現在暗渠の最下流部は雨水幹線に利用されている。

団地を抜け、都営地下鉄三田線の北側まで出ると、緑道には人工の水路も設けられている。川の記憶をとどめようとしたのだろうか。そして板橋清掃工場の脇で、暗渠は新河岸川に合流する。対岸から見ると、大きな水門が設けられている（写真⑫）。

このように、前谷津川は区間により姿を変えながら、ダイナミックな地形を流れていた。川や低地の水路網は失われ、風景も一変してしまったが、地形とそれを作り出した川の関係性は、今でも感じ取ることができる。路地裏の細い暗渠から始まる川は下るに従って太くなっていき、最後には平地の幅広の川となる。一部分を見ればさほど特徴のない暗渠かもしれないが、源流から河口まで通してたどってみれば、その流れと地形には、あたかも大河を下るときのような変遷が味わえるだろう。

7　葛西用水西井堀――「放射型の水路網」

【葛飾区】

葛西用水の概要

葛西用水《かさいようすい》は埼玉県行田市《ぎょうだし》の利根大堰《とねおおぜき》で取水され、埼玉県東部を南下し東京都東部に至る、全長82キロにわたる長大な灌漑用水路だ。都内の区間11キロはすでに廃止され、親水公園や暗渠になっているが、埼玉県内では現役の用水で、9市2町（加須市、久喜市、幸手市、杉戸町、春日部市、松伏町、越谷市、吉川市、草加市、八潮市、三郷市）で構成される葛西用水路土地改良区が管理している。見沼代用水（埼玉・東京）、明治用水（愛知）と並び日本三大農業用水と称されており、農林水産省選定の疏水水百選にも選ばれている。

現在の葛西用水は、久喜市でいったん大落古利根川に入ったのち、越谷で再び分かれて南下している。この形が成立したのは１７２０年代で、それまで古利根《ふるとね》川《かわ》～中川、元荒川、綾瀬川《あやせがわ》、古隅田川《ふるすみだかわ》といった自然河川の改修や付け替え、ほかの用水路の開削とも絡みながら、複雑な変遷を経てきた。

都内の区間については、「本所上水《ほんじょ》」がその前身である。１６５９年に本所や深川といった葛西領沿岸部の飲料水として開削された本所上水は、１７２２年、幕府の政策により、三田用水や千川上水、青山上水と同時に廃止される。これと前後した時期、葛西地区では溜池や川・用水路の大規模な改廃・再編が行われており、その中で１７２９年、本所用水だった水路は現・埼玉エリアの葛西井堀と連結され、これにより都内の葛西用水が成立した。

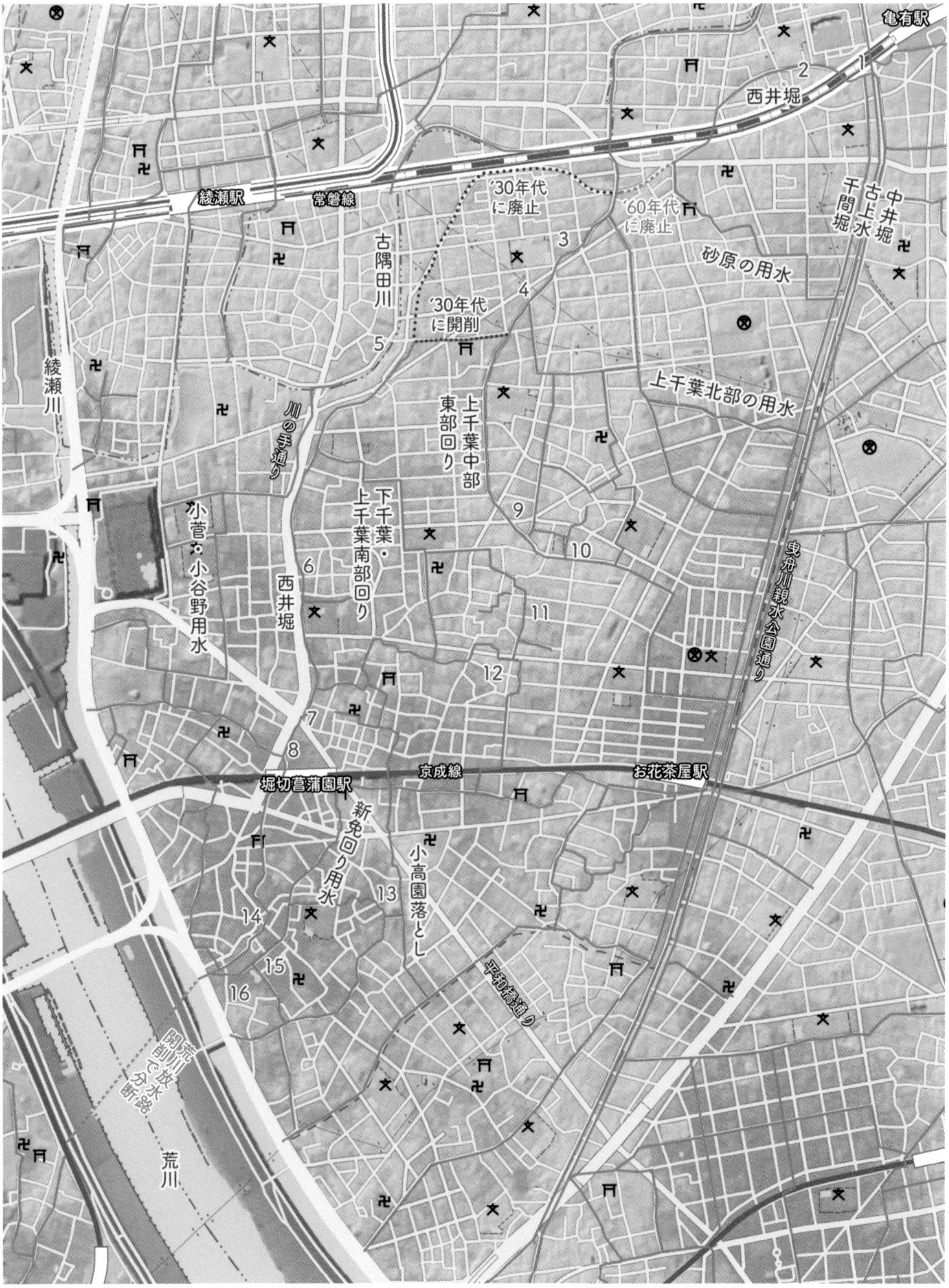
亀有駅
1
2
西井堀
綾瀬駅
常磐線
'30年代
に廃止
'60年代
に廃止
中井堀
古上水
千間堀
3
砂原の用水
古隅田川
4
'30年代
に開削
5
綾瀬川
上千葉北部の用水
上千葉中部
東部回り
川の手通り
下千葉・
上千葉南部回り
9
小菅・小谷野用水
10
6
西井堀
11
曳舟川親水公園通り
12
7
8
京成線
堀切菖蒲園駅
お花茶屋駅
新免回り用水
小高園落とし
13
14
15
16
平和橋通り
荒川放水路
開削で分断
荒川

葛飾区の葛西用水

葛西用水は現・葛飾区のエリアに入ると、現亀有駅南西側の「亀有堰枠《かめありせきわく》」（槐戸圦《さいかちどのいり》）で「東井堀」「中井堀」「古上水《こじょうすい》」「西井堀」「千間《せんげん》堀」の5本の水路に分かれ、さらにそれぞれから、無数の分水が分かれていた。「古上水」が本所上水の水路を転用した流れだ。この「放射型の水路網」は、中川以西の葛飾区と北十間川以北の墨田区エリアを覆い、一帯に広がる広大な水田を潤していた。

各分水は、東用水組合（東井堀）、中井堀組合（中井堀）、古上水組合（古上水）、西用水組合（西井堀）の4組合で管理され、それぞれの組合内で、水の配分の調整などが行われた。千間堀の組合がないのは、本来灌漑用水ではなかったためだ。葛西一帯は江戸時代中期、将軍家の鷹狩り場ともなっており、千間堀は将軍の鷹狩り用に鴨を飼い慣らしておく餌付け場として開削された水路だったという。「千間堀」は「篠原落とし」とも呼ばれていたが、「～落とし」は悪水路につけられる名称で、ここからも灌漑用水ではないことがわかる。

中川に注いでいた東井堀以外は、1930年の荒川放水路の完成により、流れが分断されている。分断された先の墨田区内は、その頃にはすでに市街地化が進んでおり、多くの水路が暗渠化されたり埋め立てられた。一方、葛飾区内では戦後も水田が残っていた。古上水と中井堀は四つ木まで3・4キロほどを並行して流れていたが、1954年より失業者雇用対策も兼ねて1本に統合され曳舟川《ひきふねかわ》と呼ばれるようになった（墨田区側の区間は同時期に暗渠化されている）。

60年代になると、葛飾区内も水田が宅地へと変わり、葛西用水の水路網は排水路へと役目を変えたのち、70～90年代にかけて暗渠となっていった。現在では、親水公園となった曳舟川の一部以外は姿を消してしまっている。

西井堀をたどる

ここでは暗渠が比較的わかりやすく残っている西井堀を、堀切までたどってみよう。「西井堀」は上流から順に砂原、上千葉、下千葉、堀切、小菅、柳原、小谷野といった村々の灌漑用水となっていた。これらの村々は1889年に合併して南綾瀬村となり、昭和初期に町制を施行したのち1932年に葛飾区の一部となった。一帯は中川（利根川）や綾瀬川（荒川）などが形成した氾濫平野で、その中に点在していた自然堤防上に集落が形成されていた。昭和に入り京成線の開通などにより市街地化が進んだ。

荒川放水路（現・荒川）開削により分断されるまで、西井堀は現墨田区エリアを南下して続き、向島（現在のとうきょうスカイツリー駅付近）まで達していた。ただ、こちらの地域の村々は「古上水組合」に属していたことから、古上水から西井堀へ向かって灌漑用の分流が流れ、西井堀はそれらの余水を受ける排水路（悪水路）として機能していたことがうかがわれる。

常磐線亀有駅から西に200メートル弱、曳舟川親水公園通りが線路をくぐったすぐ南の地点に、亀有堰枠があった（写真①）。現在は水路のすべてが道路となっていて、槐戸《さいかちど》橋があったことを記す碑以外には、暗渠らしさが感じられるものはまったくない。西井堀はここから西に分かれる道を流れていた。すぐに千間堀の暗渠が分かれ、常磐線の線路を北側に越えると「亀有やわらぎの道」と名づけられた、車道沿いの緑道となる（写真②）。

変更された流路

再び常磐線の南側に移り、車止めが立つ緑道を100メートルほど進むと、西亀有3丁目交差点に出る。この先1キロほどの区間は、本来の流路から大きく改変されている。昭和初期までの西井堀は、ここで砂原への用水路を分け、少し先では古隅田川の分流と合流している。そしてさらに上千葉への用水を分け、

①亀有堰枠があった地点。奥に続く道路が中井堀と古上水、右に折れる道が西井堀だ。

②亀有やわらぎの道。常磐線の北側となる区間の西井堀暗渠は、ところどころ藤棚や植え込みが配され緑の多い遊歩道となっている。

③西井堀の暗渠は車道沿いの幅広歩道の区間と、独立した緑道が入り混じって続く。

④西井堀暗渠は手前の歩道を右に進む。上千葉中部・東部回りの用水が奥に分岐していく。現在は青葉ふれあい通りとなっている。

旧水戸街道の南側に沿って大きく北に弧を描きながら小菅まで流れていた。

しかし、昭和初期に一帯の区画整理が行われた際、西井堀は500メートルほど上千葉への用水を利用したのち（写真③）、そこから260メートルほどは新たに開削された流路に付け替え、ショートカットした。さらに、1960年代前半には、砂原への用水路の分岐地点から古隅田川の分流が合流するまでの区間が埋め立てられてしまう（地図参照）。これにより、亀有堰枠からの水路は砂原地区のみ流れるようになり、それより下流は古隅田川経由の水が流れることとなった。暗渠をしばらく進んでいくと、途中で上千葉への用水の暗渠「青葉ふれあい通り」が南に分かれていく（写真④）。ここから先しばらく、新規に開削された区間が続く。

川の手通りに沿う暗渠

道路沿いの歩道から緑道を経て、古隅田川（写真⑤）

⑥西井堀沿いの銭湯「吉野湯」。水路が暗渠になる前からこの場所にあった。

⑤西井堀の暗渠のすぐ近くを流れる古隅田川。開渠の区間が残り、親水水路として整備されている。

⑦平和橋通りと交差する地点の南側には蓋暗渠の区間が残っている。

に接近したところで、西井堀の暗渠は再び江戸時代からの水路と同じルートをたどるようになる。暗渠は葛西盲学校付近で下千葉用水（下千葉・上千葉南部回り）を東に分岐し、川の手通りの東側を、通りに接する歩道になったり、少し離れて緑道になったりしながら南下していく。暗渠沿いには高層の建物は少なく、アパートや銭湯、庶民的な居酒屋・中華料理店が点在している（写真⑥）。

　平和橋通りとの交差点を越えると、コンクリート蓋掛けの暗渠が現れる（写真⑦）。さらにその先では、川の手通り沿いの店舗が何軒も暗渠の上に覆いかぶさっており、半水上店舗のようになっている。店舗群の裏手に回り込むと、建物がない区間には、荒れ果てた暗渠が露出している。この半水上店舗群は、元宮橋（写真⑧）まで続き、その先は再び遊歩道となって京成線をくぐっていく。

西井堀の水路網

⑧元宮橋の欄干。川の手通り沿いの店舗が水路を覆う。

西井堀の水路網には高低差がほとんどなかった。現在の亀有堰枠の標高はマイナス０・１メートル、堀切菖蒲園付近はマイナス０・８メートルと、その差は１メートルにも満たない。海抜０メートル以下となっているのは近代以降の地下水の汲み上げ影響によるものだが、それ以前もほぼ平坦だった。このため分水の水の流れは滞り、水田によって、わずかな水位の差で水が溢れるところもあれば、水が入らないところもあった。

これを解消するため、分岐点や水路の途中にいくつか堰を設置した。それらの開閉を組み合わせることで水位差を作り、水の流れを制御したのだ。それでも水が入らないところは足踏みポンプや水車で水を入れた。山の手や武蔵野の水路網とは異なった、低地ならではの水の様相だ。

これらの水路網の多くは、区画整理により大幅に流路を変更されていて、現在暗渠として残るルートは当時とはだいぶ異なっている。ただ、早くから市街地化が進んだ下千葉南部や堀切地区では、区画整理が行わ

⑪下千葉・上千葉南部回りの用水の暗渠。アスファルトで覆われた水路の梁が、等間隔で浮かび上がっている。

⑨上千葉中部・東部回りの用水にかかっていた「唐桶橋」。銘板が記念碑のように残されている。

⑫下千葉・上千葉南部回りの用水の暗渠。道路との間の細いスペースに薄い小屋が建っている。

⑩分流の細い暗渠。ところどころ蜘蛛の巣が張っている。

れなかったこともあり、曲がりくねった水路はそのまま暗渠となって、路地や緑道、遊歩道として各所に見られる。「青葉ふれあい通り」として整備された上千葉用水（上千葉中部・東部回り用水）には、橋跡を示すモニュメントが各地に造られており（写真⑨）、また分流の細い暗渠も残る（写真⑩）。下千葉用水（下千葉・上千葉南部回り）は水路の離合を繰り返しながら（写真⑪⑫）、堀切エリアの小高園落としや新免回り用水といった水路へとつながっていた。

堀切の菖蒲栽培と菖蒲園

堀切エリア一帯は戦前まで花菖蒲の名所として知られていた。花菖蒲の栽培は19世紀初頭、それまで切り花を商いとしていた百姓小高伊左衛門が、富士登山の帰路に相模から持ち帰った株と、著名な花菖蒲の栽培家から譲り受けた株を栽培したことに始まる。

１８３０年代に伊左衛門は鑑賞のための菖蒲園「小高園」を開園、評判を呼び、江戸百景の一つに数えられ

⑬最初に菖蒲園を開いた小高園の跡。門の中には1933年に文部省から「名勝小高園」として指定を受けた際の石碑が建つ。

⑭堀切菖蒲園に向かう西井堀の緑道。水路の蛇行をイメージしたような白い帯状の舗装はマンホールをつないで配されている。

るようになる（写真⑬）。明治に入ると小高園の向かいに武蔵園、西側に観花園が開園、そして明治半ばに堀切園が開園する。ほか、少し離れた四つ木にも吉野園や四つ木園ができ、一帯は初夏になると行楽地として大いに賑わいを見せるようになる。この時期、菖蒲園以外でも多くの農家が花菖蒲の栽培を手がけ、海外への輸出も行われた。

しかし、第一次世界大戦の影響を受けてヨーロッパ向けの輸出が減少し、昭和に入ると不況や宅地化による環境悪化により栽培が厳しくなっていく。菖蒲園の多くは経営不振となったり、戦時下の食糧不足により水田に転用された結果、次々に閉園していった。堀切園だけは戦後1953年に再開、その後都立の有料公園を経て、1975年からは葛飾区が無料で開放している。

現在、京成線以南の西井堀は、駅から堀切菖蒲園へと続く遊歩道として整備され、親しまれている（写真⑭）。また、菖蒲園敷地の西北側に接した新免回り用

⑮新免回り用水の暗渠。堀切菖蒲園の近くは公園風に整備されている。

⑯堀切菖蒲園。背後の高速道路の下には綾瀬川と荒川が流れる。

水の暗渠も、堀切2丁目緑道として、近隣の人々が行き交う（写真⑮）。

二つの水路は堀切菖蒲園の正門前で合流し、現墨田区のエリアへと流れていた。荒川放水路（現荒川）の開削により墨田区側と分断された今、暗渠は荒川に並行して開削された綾瀬川の堤防にぶつかって途切れている。

堀切菖蒲園では、今も毎年5月下旬から6月上旬にかけ、200種の花菖蒲が花を咲かせる（写真⑯）。往年の放射型の水路網はもはや見る影もないが、その水の恩恵を受けていた菖蒲園を手がかりとして暗渠をたどってみれば、その片鱗をうかがい知ることができるだろう。

第2部

暗渠に重なる時間

1 東京の暗渠史——水路網の形成と消滅

第2部では、暗渠を主に「時間」の軸からひもといていく。概論となるこの章では「時間」の要素のうち、東京の川が暗渠になっていった過程に焦点を当てて追ってみよう。

現在、暗渠としてたどることのできる川や水路、そして流れている川が織りなす水路網の原型がかたちづくられたのは16世紀末からだ。徳川家康の江戸入りを契機として、現在につながる都市としての江戸の整備や、増加する人口を支える、郊外の村々での食糧増産体制が整備されていく。その過程の中で、川が改修され、上水路や用水路が開削され、水路網が形成されていった。暗渠に焦点を当てた本書では、これらの川や水路が、江戸の発展の中でどのような役割を持っていたかといった観点から見てみよう。なぜなら、明治から昭和にかけてその役割が失われていき、人と川とのかかわり方が変化していったことで、東京の川が暗渠化されていったからだ。

川や水路が担った四つの役割

江戸の街を覆っていた川や水路には、大きく分けて四つの役割があった。①飲み水を供給する上水道、②水田に水を供給する灌漑用水、③余った水や不要な水を流し出す排水路、④船の通り道となる交通路だ。これらの役割に応じて、川や上水・用水が整備され、水路網が形成された。

①飲み水を供給する上水道の役割

まずは飲み水としての役割だ。江戸の市内では増えていく市民の飲み水を確保するため、上水道が引かれた。当初は江戸城の北東側に対して、現在の神田川の水を引いた神田上水が、江戸城南側に対して、赤坂の谷筋の水を溜めた赤坂溜池が造られた。その後、江戸の町の発展にともなう水需要の増大に応え、1653年に玉川上水が開通する（写真①）。

玉川上水は江戸市内から四十数キロ西に離れた羽村で多摩川の水を取水し、武蔵野台地の中央を東へ貫き、四谷大木戸門からは地下に埋めた樋の水道網で市内に給水した。上水からは大名屋敷の庭園や、幕府に関係する施設向けの分水がいくつか引かれたり、また武蔵野台地上でも当初よりいくつか分水があった。しかし基本的には江戸市内の上水道としての役目が最優先だった。

また、江戸時代中期になると、江戸市内だけではなく、武蔵野台地の新田開発村に向けた分水も数多く引かれていく。新田開発は食糧増産や税収増を目的としたもので、新「田」といっても、切り開かれた農地のほとんどは水田ではなく畑だった。そして分水はこれらの村の飲み水確保を目的としていた。水に乏しい台地上で、当初は深い井戸を掘る技術もなかったため、分水は人々の生命線でもあった（写真②）。

このように、玉川上水やそこから分けられた上水道の役割を持つ水路網は、300年以上にわたり江戸から東京の水道水として利用されていく。

②水田に水を供給する灌漑用水としての役割

次に、灌漑用水としての役割だ。東京にもかつては水田が各地に広がっていたが、その広がり方は地域の

①玉川上水の羽村取水口。右手前で多摩川から取り入れられた水は左奥へと流れていく。ここから43キロ先が上水の終点だった。

②鈴木用水の素掘りの水路。江戸時代中期の新田開発で、集落の飲み水として引かれた分水路の一つ。今も多摩川の水が流れている。

地形に応じて異なっていた。山の手地区では、武蔵野台地を刻む小川やその支流の谷戸に水田が連なっていた。これらの水田に対して、川に堰を造って並行する流れを分けて水を引き入れたり（あげ堀）、谷頭に溜池を造って湧き水や雨水を溜め、必要な時期に川に流して水を供給した。

これらの川は必ずしも水量が多いところばかりではなく、雨水に頼る天水田が大半で、なかなか安定した収穫を得ることができなかった。

開削当初は飲み水のための水路だった玉川上水は、やがてこれらの水田を流れる川へ分水をつなぎ水を送ることで、灌漑用水としても利用されるようになっていく。これにより、台地の上を流れてきて分水を分けていく玉川上水が動脈、水田や生活に利用された後の水を谷筋を通じて流していく自然河川が静脈という、動脈と静脈の関係が成立していく。

山の手地区の玉川上水とつながれた灌漑用水以外にも、多摩川沿いの低地では、多摩川から引き入れた水路網が、荒川（隅田川）より東側では、利根川の水系から引き入れた水路網が形成されていく。前者は現在の大田区を流れていた六郷用水（1611年）や府中の府中用水（1693年）、後者は足立区の見沼代用水（1728年）、葛飾区の葛西用水（1660年）などが代表的だ。これらは既存の川も利用しながら、そこに新たに水路を加え水を供給していた。このように、灌漑用水としての役割を持った水路は、新たに開削された用水路や、もともとあった川に手を加えた水路で成り立っていた。

③余った水や不要な水の排水路としての役割

三つめは排水路としての役割だ。すでに市街地になっていた地域では、市内の小川は、使った後の水を流す先として「下水」と呼ばれた（川幅のある主要な水路は大下水《おおげすい》）。「下水」は「上水」と対になった言葉だが、今の下水道とはだいぶ意味合いが違っている。そこを流れる水は決して汚い水ではなかった。

これらの下水には、上水からの余水や井戸で汲み上げて使った後の水が流れていた。ただ、ゴミなどは取り除かれ、今と異なり洗剤もトイレの排水もなかったため、その水は比較的綺麗だった。また、雨水や利用されない湧き水なども、この下水に流れた。従って、下水は、飲み水には利用せず、流域に水田もないので灌漑にも使われない市街地の川、くらいのイメージで捉えるのが適切だろう（第2部第3章東大下水など）。

なお、下水には自然の川のほかに、樋を地中に埋めた暗渠や、新たに開削された水路、路地の側溝といったものもあった。こちらのほうが今の下水に近いイメージだが、基本的には汚い水はそれほど流されていない。

また、下水のほかに「悪水」と呼ばれる川もあった。郊外の川で、水量が少なかったり季節によって流れないような、灌漑用水や生活用水に使いにくい自然河川だ（3部6章石神井川の上流など）。湿った土地の水を抜くための水路や、灌漑用水のうち、排水の機能、用水路の余り水や水田から抜いた水を流す役割のみ果たしている水路も「悪水」「悪水落」などと呼ばれた。

このように排水路としての役割を持っていた下水や悪水は、大半は自然の川がその役割を担っていた。

④船の通り道となる交通路としての役割

そして四つめが、船が通る堀や運河といった交通路としての役割だ。現在の銀座や日本橋、中央区のエリアや、隅田川を挟んだ深川などの海に近い低地のエリアには「川」の名前がついた水路が数多くあった。川といってもほとんどは、どこかから流れてきているわけではなく、主に交通路として人工的に開削されたり、海の埋め立ての際に残された堀割や運河だ（第2部第1章神田堀など）。

これらの川は主に荷物の運搬のための舟運に利用された（写真③）。川沿いには河岸や問屋が数多くあって荷物の積み下ろしが行われていた。

③江戸時代初期、江戸城への水運のために開削された小名木川。今も船が行き交う。

④大正時代末期、雑司ヶ谷付近の弦巻川。水はまだ綺麗で、宝探しのイベントが行われている。（宇佐美俊弘「ふるさと雑二町会」（1988）より転載）

⑤昭和初期、雑司ヶ谷付近の弦巻川。水は汚れ、板張りの護岸ができている。（写真提供：豊島区郷土資料館）

明治以降の変化

明治以降、これらの川や用水の役割は少しずつ変わっていく。まずは動力としての利用だ。水車は江戸時代から設置され、精米・製粉などに利用されていたが、これに加え、火薬や撚糸、電線の製造といった産業の動力源にも利用されるようになっていく。千川上水の製紙業のように、工業用水としても利用された。

また、１８７０年代後半からのコレラの大流行を機に、近代上水道の整備がされる。１８９８年に淀橋《よどばし》浄水場が稼働を開始し、玉川上水は淀橋浄水場への水の供給路として利用されるようになる。また、近代下水道への取り組みも同時期に始まった（第２部第１章神田下水）が、処理施設をともなうものは、だいぶ時代が下った１９２２年の三河島《みかわしま》汚水処分場が嚆矢となる。

一方で、多くの川や水路は、しばらくは従来通りの役割を果たしていた（写真④）。明治に入って新たに開削された灌漑用水もあった。１８９１年には水利組合条例が施行され、各地を流れる灌漑用水やそこに組み込まれた川は、それぞれの地域の普通水利組合で水路や水の配分を管理していくことになった。

東京の拡大

しかし、明治中期から大正末期にかけて東京の人口が急激に増加していくことで、やがて水路網に大きな変化が訪れる。東京の人口は明治前期には100万人程度だったが、関東大震災直前の1922年には400万人に達する。震災でいったん減少はしたものの、被災者が郊外に転出していったのを契機として、旧市域15区外や山手線沿線、さらには山手線以西まで市街地は拡大し、その後も人口は毎年10万単位で増加していった。

これにより、都心部を流れる短い川は、源流から河口まで流域全体が、市街地に飲み込まれてしまう。緑地がなくなったことで川の水源である湧き水は減少し、また水田がなくなったことで不要となった用水路への送水が停止される。これにより、ふだんの川の水量は減っていき、逆に大雨が降ると直接水が流れ込み、すぐに増水するようになった。そのため川のすぐそばまで迫った市街地は、頻繁に洪水の被害を受けることになる。

また当時、下水道はまだ普及していないため、生活排水や工業排水が川へと流れ込んでいた。水に流す、ということわざのように、川の流れにはある程度の浄化能力がある。しかし、人口の増加により排水は急増し、もはやその能力を超えていた。一方で人々の意識は変わらなかったため、昔と同じように川に排水を流していた、といった側面もあっただろう。川の水は急激に汚れ、悪臭を放っていった（写真⑤）。

川と人との関係性の変化と暗渠化の最初の波

こうして、灌漑用水や生活用水、飲用水など、生活を支えていくのに必要な水をもたらすインプット元であった川は、排水や下水など、不要な水を吐き出すアウトプット先へと変貌していった。インプット元であった頃は、川の水は一滴も逃すことのできない貴重な資源だった。水路は定期的に整えられ、水源地には弁財天や水神が祀られるなど、大切な場所として扱われていた。しかし、アウトプット先に変化したことで、川は迷惑で邪魔な存在へと変わり、ゴミが投棄されるなど、ぞんざいな扱いをされていく。このような背景のもと、都心部の川や水路は暗渠にされ、地下の下水道に転用されていく（写真⑥⑦）。

　この暗渠化の最初の波は、主に1920年代から30年代にかけて、旧東京15区のエリアで起こった。川はおおむね都心に近い区間から暗渠化されていき、暗渠の上は道路に転用された。暗渠化と同時に、蛇行が緩やかになるように流路が付け替えられたところもあった。一方で、川岸のすぐそばまで宅地化していたところでは、改修できずに細かく曲がりくねった流路がそ

⑥ 1933 年の弦巻川暗渠化竣工を記念した碑。高田町の下水道整備計画の一環として雑司ヶ谷大鳥神社境内に設置されている。

⑦桜川暗渠の古川への合流口。昭和初期に暗渠化された時の姿を石組に留めている。

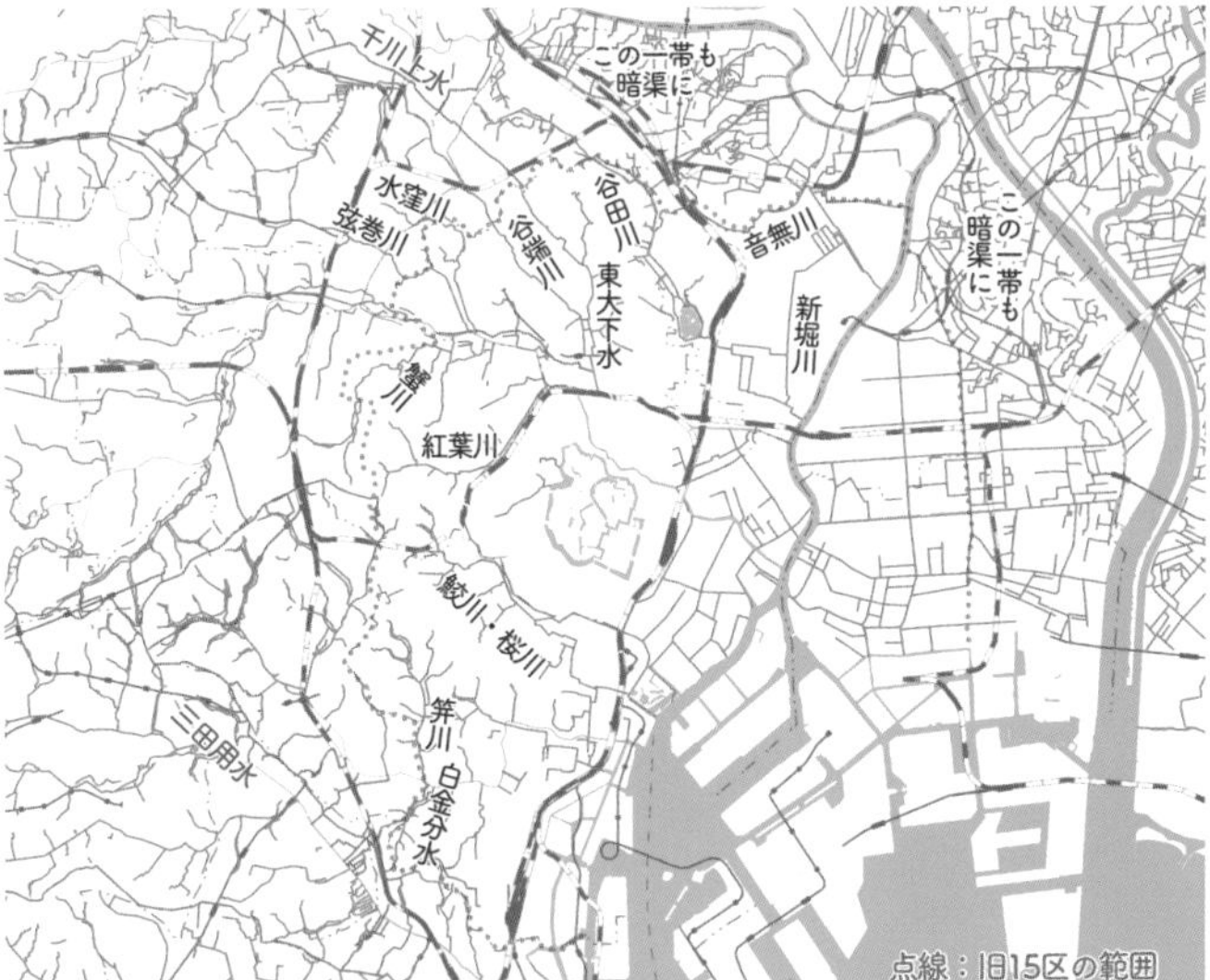

図1　最初の暗渠化の波で消えた川
主に東京旧 15 区の範囲内の川の多くが、1930 年代に暗渠化されて下水道に転用された（青枠が主な対象河川）。また、三田用水、千川上水は水質維持を理由に暗渠となり、玉川上水も甲州街道下の導水管に付け替えられた（赤枠で表示）

のまま暗渠となった（第2部第3章指ヶ谷参照）。

また、この時期には玉川上水系の用水の一部も暗渠化されている。灌漑用水から工業用水に用途が切り替わったことによるもので、その背景にはやはり都市化の進展があった。水面が露出しているとゴミを投げ込まれたり、汚水を流されたりしてしまうため、それを防ぐための暗渠化であった。

製紙工場と造幣局が水を使っていた千川上水、そして恵比寿のビール工場と海軍技術研究所での利用が大半となっていた三田用水が、送水管の埋設により暗渠となっている（第1部第5章三田用水参照）。

このようにして、1930年代後半までに、都心部の多くの川や用水路が暗渠化された（図1）。1932年には東京市が拡張、周囲の五つの郡を編入して35区となり、さらに1943年には東京市と東京府が廃止され東京都が成立、現在の東京都へとつながっていく。

暗渠にならなかった川の水路改修

この最初の暗渠化の波が起きた際には、都心部の川でも上流部の市街地化がまだそれほど進んでいないものは、暗渠になってはいない。これらの川は、上流部ではまだ水田が広がっていたり、緑地や水源の池などが残っていて、川はまだ灌漑用水、つまりインプットの役割を果たしていた。一方、川の下流部では市街地が進み、排水路としての役割が中心になっていた。このため、大雨や洪水対策として、護岸工事や流路の直線化・掘り下げといった改修工事が実施されていく（図2）。

そして、市街地になっていないところでも、耕地整理や区画整理による改修が加えられていく。耕地整理は農地の整理、道路や水路の整備を行い、農業を合理化して生産性を上げるのが本来の目的だ。ただ実際には、その後の宅地化を見越した事業であることが多かった。主に東京西側のエリアの各所で、組合主導に

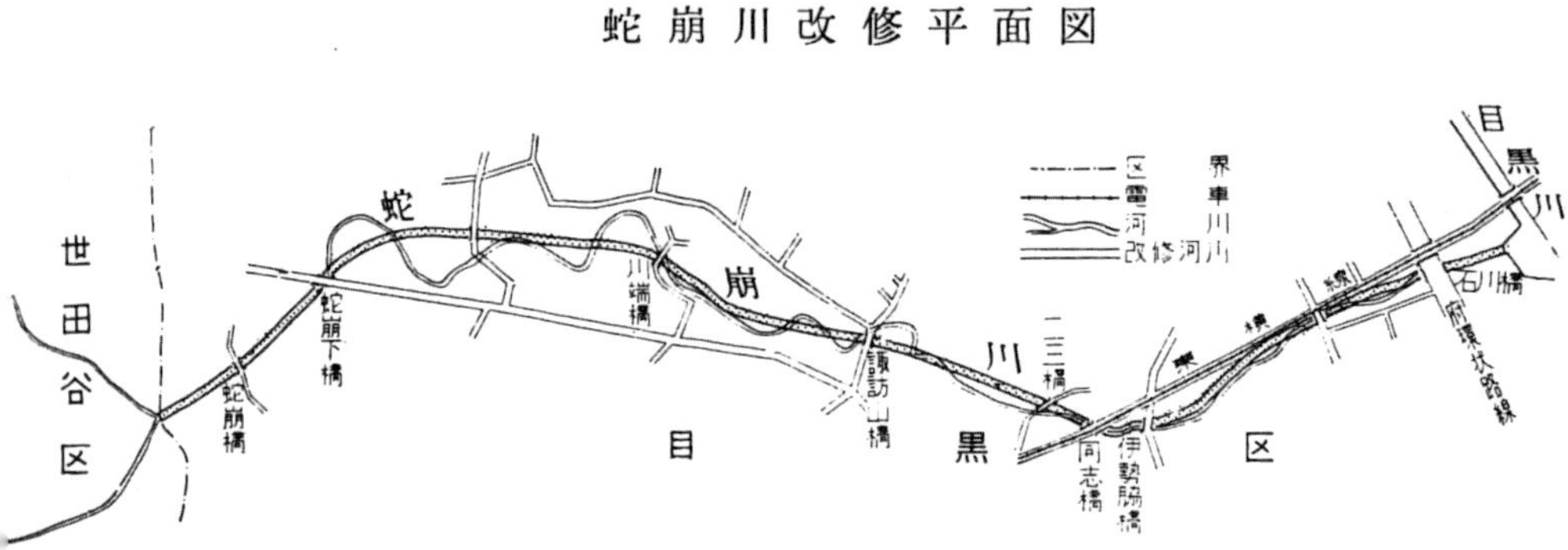

図2　昭和初期に行われた、蛇崩川の改修
蛇のように曲がりくねった流路は直線的な流路に改修された。
出典：「目黒区史」1961

よる耕地整理が実施され、１９３２年の近隣郡部の東京市編入以降は、都市計画法に基づく土地区画整理が行われるようになっていく。

　これらの耕地整理や区画整理により、郊外の中小河川では、谷戸沿いの水田は整理されて畑になり、複数に分かれて流れていた流路が一つに統合され、より直線に近い流路に改修された（第２部第４章谷沢川参照）。また、小さな流れは道路の側溝のような水路に付け替えられた。これにより通常の排水溝との区別が曖昧になって、川と下水の中間のような存在になっていく川もあった。

　このように、役割の変化にともなって手を加えられた川が、今度は高度経済成長期に暗渠化の第二の波に飲み込まれていくことになる。

水源池の保全

川が姿を変えていった一方で、この大正末期から戦前にかけて、川の水源の保全につながるような動きも現れる。一つは自然の美の維持を目的に定められた「風致《ふうち》地区」だ。杉並区の善福寺池や（善福寺川）、練馬区の石神井池、三宝寺池（石神井川）などといった今も残る池、川の水源が風致地区に指定されていく（写真⑧）。

　もう一つは、私有地や共有地にある、川の水源池やその周囲の敷地が、行政に寄付されて公園として開放されるようなケースだ。これらも川が暗渠になった現在も水源が残っているような場所になっていく。

終戦直後の動き

第二次世界大戦後の復興の中では、川の消滅に関して二つの動きがあった。一つは堀割の埋め立てだ。戦災の膨大な瓦礫を処理する場所として、至近な場所にあり、運搬の手間がかからない堀割が利用された。「不用河川埋立計画」に基づき、１９４８年より中央区などの堀割が埋め立てられた。この頃には舟運がトラックにシフトしつつあったことも埋め立てを可能にしていた。そして埋立地は造成後に売り払われ、その利益は焼け跡の灰燼《かいじん》の処理に充てられた。また、この計画をきっかけに、戦前から構想されていた東京高速道路も、少し後の１９５９年、汐留川、外濠《そとぼり》川、京橋川の一部を埋め立てることで開通する。

⑧石神井川の源流の一つ、三宝寺池。1930年に風致地区に指定された。

もう一つは、１９５０年に策定された「東京都市計画下水道」だ。戦後の東京の下水道整備の基本となる計画であり、そこには渋谷川上流部など、川の暗渠化による下水道整備も含まれていた。この時は河川の下水化は結局実行には至らなかったが、後々の暗渠化につながっていくこととなる。

高度経済成長期の到来と川の変質

そして１９６０年代に入ると、いよいよ暗渠化の第二の波がやってくる。東京の人口は戦争で約３５０万人ほどと半減したものの、終戦10年後の１９５５年には８００万人越え、１９６２年にはとうとう１０００万人を突破と急増していった。

人口集中により市街地はさらに拡大し、最初の暗渠化の波の際の都心15区のエリアと同じような状況が、こんどは23区やその周囲まで拡大してより大規模に起こっていく。森林や田畑、舗装されていない地面の減少による各地の湧水の涸渇や、灌漑用水の使命終焉による送水停止により川の水量は減少していった。一方で人口の集中によって急増する生活排水に下水道整備が追いつかず、川へ流入する下水・排水の量が増えていった。この結果、川を流れる水の大部分が下水であるといったような事態が常態化していく。

また、地面が覆われ土地の貯水機能が消失したことで、降雨時には雨が直接川に流れ込み、急激に増水して氾濫するような事態も多発するようになった。これも震災後の状況と同様だが、戦前に暗渠化された川よりも流域が広いことで、より深刻になっていく。

下水道36答申

この状況を背景に、1961年「下水道36答申《サンロク》」(「東京都市計画河川下水道調査特別委員会　委員長報告」)によって、中小河川の暗渠化・下水道転用が打ち出されることとなる。答申では都内の14の中小河川が下水道化の対象とされ、また下水に転用しない区間についても、必要ない限り蓋掛けして暗渠化することが謳《うた》われている。

翌年には策定されていたものの実現していなかった「東京都市計画下水道」が答申を受けて変更され、河川の下水道化計画が推進されていった。

数年後には「下水道化協議対象河川」としてさらにほかの川も追加され、1960年代半ばから70年代前半にかけて多くの川が暗渠化されていった(図3)。巨大な蓋を掛けられた暗渠の上部は、当時子どもの増加で不足していた児童遊園や、緑道として整備された(第2部第5章立会川など)。

第二の暗渠化の波の背景

最初の暗渠化の波は、それぞれの地域の事情に応じて川が暗渠化されていき、それらの時期が結果的に重なったといえるが、第二の波は東京都が全体として計

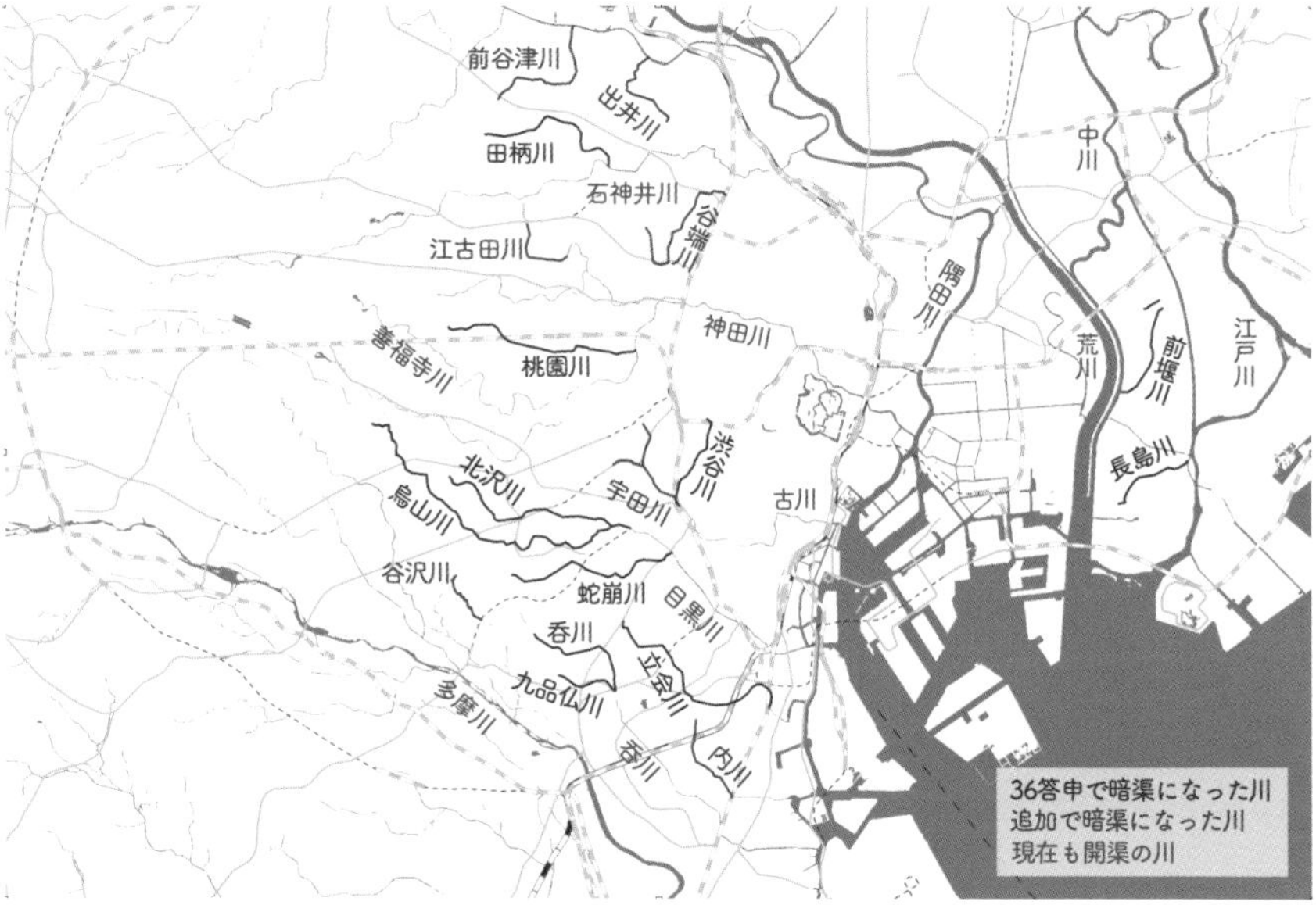

図3　二つ目の暗渠化の波で、36 答申に関連して消えた川
これらを含め、山の手地区を流れる川の多くが 1960 年代から 70 年代にかけて暗渠になった。

画的に暗渠化を打ち出したものだった。これは、下水道整備が遅れる中、河川を計画的に暗渠にして下水道に転用することで大きなメリットがあったからだ。

川の流れには自然に勾配があるので、これを利用すれば、新たに勾配を設計しながら下水道を開削するよりも、技術的な面で効率的だ。また、すでに場所が確保されていることから、用地買収をしたり、道路を掘り起こしたりといったコストや時間も削減できる。

一方で、すでに川がその機能を失っていたという実情も背景にあった。もし別に下水道を整備し、そのままで川を残した場合、すでに水源を失っている川は汚い水が流れずに溜まったり、涸れた川がゴミの投棄先となってさらに環境が悪化する可能性があった。

そしてこの当時、流域住民からも川を暗渠化することへの強い要請があった。今や汚れ、悪臭を放つ川は文字通り「臭いものには蓋をしろ」という眼差ししか向けられなくなっていた。

対象外の川と、別の意味での「暗渠化」

暗渠化は、基本的に水源がすでに失われた川が対象となっていた。そのため、神田川、善福寺川、妙正《みょうしょう》寺《じ》川、石神井川といった、水源を持つ川は対象外とされた（それぞれ井の頭池、善福寺池、三宝寺池）。

また、暗渠化の対象となった河川でも、古川（渋谷川）の下流、目黒川下流など、船の航路に使われていた区間や、海水の満ち引きの影響を受ける感潮域の区間、そして、下水処理場までの高低差を確保できず川の勾配による自然流下では水を届けることのできない区間は、暗渠にはならずに別途、下水幹線が設けられた。

しかし、暗渠にならなかった川でも、あたかも暗渠のように川面を覆われるところもあった。それは高速道路だ（写真⑩）。下水道36答申と同じ１９６１年、「首都交通対策審議会」の答申で、川の上の空間を高速道路に利用する方針が打ち出される。これは暗渠と同じく、用地買収の手間がかからないため、コストも工期も削減できるという理由からだ。また、瓦礫処理の際には対象とならなかった堀割も、この時に埋め立てられ高速道路に転用される（写真⑪）。

環境問題としての川への意識の芽ばえ

１９７０年代に入ると、高度経済成長期はオイルショックを経て終焉《しゅうえん》を迎える。そして公害や環境問題がクローズアップされていく中、人々の川への意識は再び変わっていく。不要とされたり、汚水の流れる忌むべきものとなっていた川に対して、環境的な観点から、価値を見出すような眼差しが向けられるようになったのだ。その背景には、下水道の普及や法律の整備により、河川の水質が徐々に改善されてきたこともあった。暗渠にならなかった川もその多くが水質汚濁に悩まされていたが、それらは少しずつ綺麗な流れを取り戻していく。

この変化の中で画期的な動きが起こる。１９７２年に江戸川区で策定された「江戸川区内河川整備計画」

において、下水整備によって不用になった水路を暗渠にしたり埋め立てずに、親水公園や緑道に転用して水辺の環境を整備していく方針が打ち出された。「親水公園」は今ではありふれた施設だが、この「親水」は70年代に環境問題が意識されるようになって初めて登場した概念だ。そして翌年には埋め立て予定だった古川が、地元からの要望を受けて日本初の親水公園として再生されることになる（写真⑫）。

また、70年代半ばには、飯田濠《いいだほり》（外濠）の埋め立てに対して反対運動が起こる。埋め立てを阻止することはできなかったが、川の埋め立てや暗渠化が望まれた60年代には起こり得なかった動きで、広く注目を集めた。1980年代半ばには築地川でも埋め立て反対運動が起き、これらをきっかけに、行政の方針も転換していくこととなる。

⑨ 1961年、渋谷駅前の渋谷川暗渠化工事。暗渠化と流路の移設が同時に行われた。左奥が旧流路。（白根記念渋谷区郷土博物館・文学館所蔵）

⑩日本橋川、鎌倉河岸。江戸城築城の建材を荷揚げした河岸を、首都高速都心環状線が蓋をするように覆いかかる。

⑪首都高速都心環状線となった築地川。祝橋の下、かつて水面を船が行き交っていたところを、車が行き交う。

行政の方針転換

1988年、東京都は36答申での方針を修正し、中小河川をこれ以上埋め立てず、暗渠化が計画されている区間も可能な限り見直すことを決定した。これによ

⑫小松川境川親水公園。江戸川区では古川親水公園をさきがけに、5本の親水公園と18本の親水緑道が整備された。

り、すでに蓋掛け前提での改修が進んでいた渋谷川下流部の暗渠化が正式に中止されたのは、象徴的な出来事だ。

1997年には河川法の改正が実施され、国の河川行政も、治水や利水といった「管理対象としての河川」から、「環境保全対象としての河川」へと大きく舵が切られた。

そして80年代半ばからは、都内では川の「再生」事業が各地で行われるようになっていく。1965年の淀橋浄水場の廃止後、玉川上水の水は小平監視所で東村山浄水場へと送水され、それより下流は空堀となっていた。そこに1984年にまず分流の野火止《のびどめ》用水が、そして1986年には玉川上水本流が、1989年には千川上水が、清流復活事業として再び水を流されるようになる。これらの水は多摩川上流水再生センター（昭島市）で下水を高度処理したものだった。

また、1995年には城南三河川清流復活事業として、渋谷川、目黒川、谷沢川、呑川の開渠区間に落合水再生センターから高度処理水が導水された（写真⑬）。翌年には、北沢川の暗渠の蓋の上に、せせらぎが造られる。設計段階からの地域住民参加や、完成後の住民団体管理など1970年代以降の潮流を反映した動きだ。

それでも進む暗渠化

このように36答申で暗渠化の対象となったような、ある程度の規模のある川は、暗渠化の流れに歯止めがかかり、残った川の扱いも変化してきた。しかし一方で、無名の小さな小川や水路は、そのような動きとは関係なく、少しずつ暗渠になって消えていった。それらの小川や水路の大半は「普通河川」や「公共溝渠《こうきょ》」と呼ばれ、法律上、川としては扱われていないため、36答申見直しも、河川法改正も適用されなかったのだ。

例えば山の手地区では、暗渠になった川に注いでいた支流が無数にあり、中には本流が暗渠となった後も、忘れられたようにぽつんぽつんと各地に残っているものがあった。しかしこれらも、思い出されたかのように暗渠となって消えていっている（写真⑭）。

また、23区東部の低地でも、親水公園となった川以外の農業用水や排水路に使われていた水路は、1990年代にかけて暗渠化や埋め立てが進んでいき、ほとんどが姿を消した。そして多摩地区でも、田畑が宅地に変わっていくにつれて、不用となった灌漑用水の暗渠化が進んだり、まだ使われている用水路も安全や交通の観点から暗渠の区間が増えている。

⑬目黒川の暗渠から流れ出す高度処理水。「清流復活事業」で落合水再生センターから導水されている。

⑭桃園川源流部暗渠の工事。柵渠に蓋掛けしただけの暗渠だったが、2015年秋にコンクリート管への置き換え工事が行われ、埋め立てられて、アスファルト敷の路地になった。

さらに、空き地として残っていた暗渠が、払い下げにより周囲の土地と合わせて造成され消滅するといったような、いわば失われた川が、さらに失われるといったことも起こっている。そのきっかけは2000年の地方分権一括法制定だった。暗渠となった公共溝渠は、土地は国有地だが管理は市区町村という、あいまいな存在だった。しかし、法の制定により、機能している暗渠は市町村に譲渡され、機能しなくなった暗渠は払い下げができるようになったのだ。

こうして、無名の川の暗渠化や、暗渠自体の消滅は、今もなお人知れず静かに進んでいる。それにつれて、川と人、川と街とのかかわりの記憶もまた、消えていってしまうのだろう。暗渠をめぐり、失われた水面に思いをはせることは、その記憶を、つなぎとめようとする行為なのかもしれない。

2 神田堀（竜閑川）・浜町川と神田大下水（藍染川）
――「堀割の水路網」の開削と埋め立て

【千代田区・中央区】

造られた水路の町・神田

東京駅の北東方に広がる神田地区一帯は、江戸期以降の町の発展の歴史の中でいくつかの川や水路ができ、そして消えていったエリアだ。これらの多くは水運や排水路としての役割を担う堀割であったため、その盛衰は山の手の川の改修や暗渠化とはまた様相が異なっている。江戸期よりその遷移を追っていこう。

平川と谷田川の付け替え

江戸時代以前の神田は、日比谷入江に注ぐ平《ひら》川（現・神田川）とその支流・小石川《こいし》（谷端川《やばた》）、江戸湊に直接注ぐ谷田川《やた》（藍染川《あいそめ》）に挟まれ、本郷台地の末端「神田山」から江戸前島の低地へと細長く南北に続く低地にあり、また谷田川の東側には「お玉ヶ池」が広がっていた。

１５９０年（天正《てんしょう》18）の徳川家康《とくがわいえやす》の江戸入り後、まず江戸前島の付け根を横切り、日比谷入江と江戸湊をつなぐ道三堀《どうさんぼり》が開削、平川はそこに接続されて江戸湊に注ぐよう流路を付け替えられる（現在の日本橋川とほぼ同ルート）。これにより平川は、江戸城築城時の水運路として利用され、鎌倉から運ばれた石材や材木が、現在もその名が残る「鎌倉河岸《かまくらがし》」で荷揚げされた（図1）。

続いて１６０５年（慶長《けいちょう》10）には、現在の日本橋付近で江戸湊に注いでいた谷田川も、隅田川へと注ぐよう付け替えられる（現在の秋葉原以東の神田川の流路といわれている）。これよりお玉が池には谷田川の水が注がなくなり、徐々に埋め立てられて、１６３２年（寛永《かんえい》９）頃には消滅する（図２）。

さらに１６２０年（元和《げんな》６）からは、神田山を開削して「仙台《せんだい》堀」が造られた。これにより平川と小石川は谷田川の下流部に接続され、現在に至る神田川の流路が確定する。小石川の流末は埋め立てられ、平川流路も神田川から切り離されて堀留《ほりどめ》となった。また、神田川新流路の南側には、開削時の残土で洪水対策の堤防が造られた（図３）。

神田上水と神田の発展

これらにより、神田は水害から解放されることになる。一方、井戸の水質がよくなかったこと、仙台堀の開削で本郷台地より神田山に至る地下水脈も絶たれたことから、上水道の確保が必要となった。１６２４年（寛永元）から１６４４年（寛永21）にかけ、神田川中

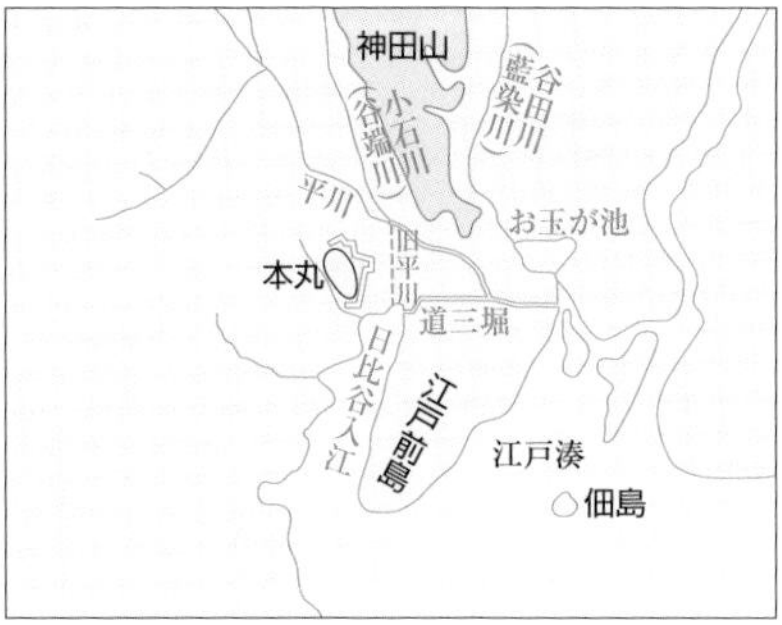

図1　道三堀開削と平川付け替え

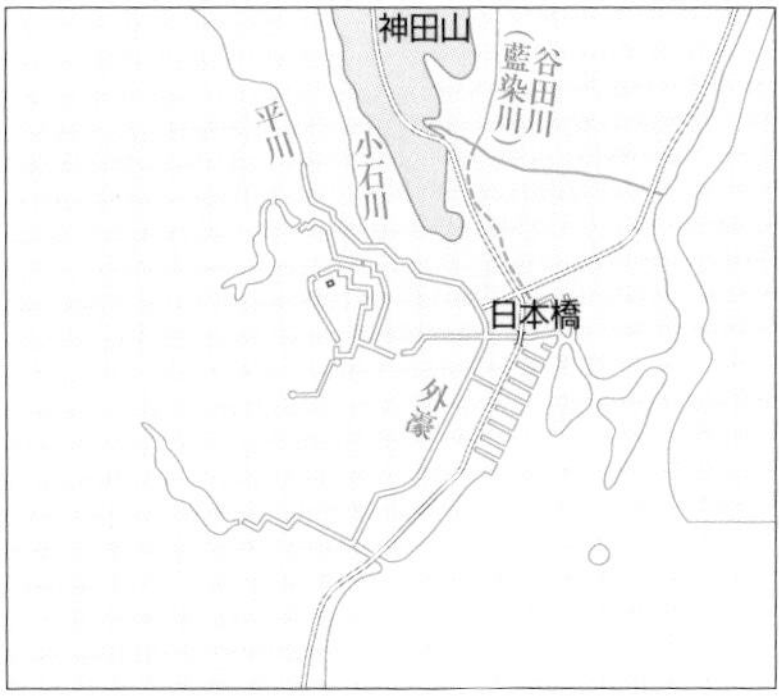

図2　谷田川の付け替え

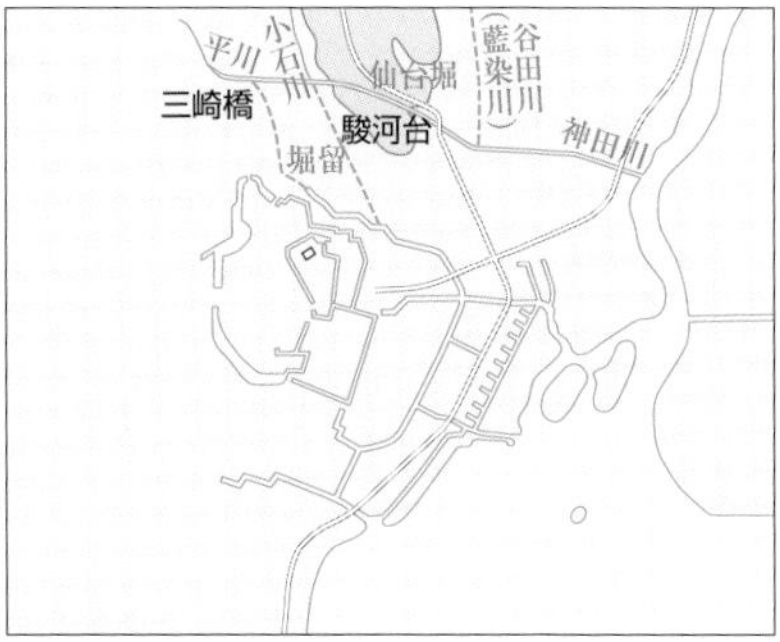

図3　神田川の付け替え

（鈴木理生「江戸の川・東京の川」を参考に作成）

流部より取水した神田上水が造られ、神田・日本橋・京橋エリアに給水網が張りめぐらされた。こうして基盤が整い、神田は都市として発展を遂げていくこととなった。

当初その大半は武家地や寺社地で、現・神田駅周辺のみが町人地となっていたが、明暦《めいれき》の大火（1657年〔明暦3〕）後、武家地・寺社地が郊外に移転、商人や職人の居住地は、その跡地へ拡大する。人口増加に合わせて神田上水の給水量は補強され、神田川が拡幅されて物流の動脈となり、商業が隆盛していく。神田《かんだ》多町《たちょう》には、各地の野菜を昌平《しょうへい》河岸から荷揚げして、巨大な青物市場が形成された。

神田堀の開削と消滅

職人の原材料搬入や商人の製品搬出路として、町人たちの出資により新たな運河もできる。1691年（元禄《げんろく》4）、神田と日本橋の境にあった火除《ひよけ》の土手に沿って平川堀留より北東に分岐する「神田堀」（「神田

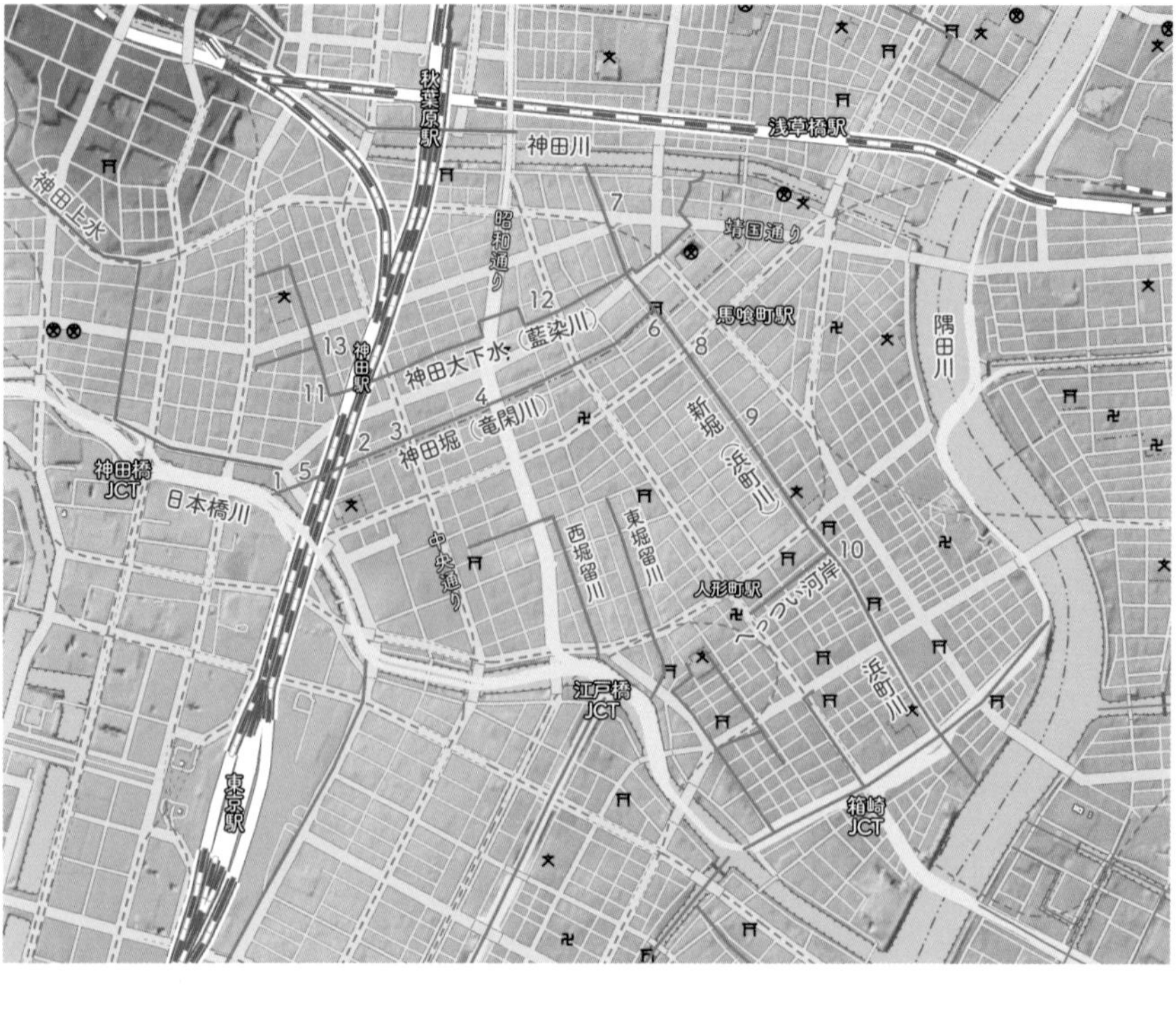

八丁《はっちょう》堀」「白銀町《しろがねちょう》堀」とも）が開削される。堀は途中で直角に南東に向きを変えて「新《しん》堀」となり、そのまま浜町《はまちょう》川につながった。浜町川は１６１５年（元和元）から１６２３年頃、隅田川から北西方向に開削された運河だ。これにより隅田川と旧・平川の堀留を結ぶＬ字型の水運路が開通することとなる。神田堀は幅10メートルほどで、沿岸には主水《もんど》河岸、材木河岸が設けられ、のち材木町という町名にもなる。ただ、堀の利用はだんだん廃れていったようで、１７６５年（明和《めいわ》２）には浜町川との接続部前後が、１８５７年（安政《あんせい》４）には大部分が埋め立てられてしまう。

神田大下水（藍染川）

一方、神田堀に先立つ１６８２年（天和《てんな》２）には、かつてお玉ヶ池があった付近を横切るように、密集する町の排水を神田川に落とす「神田大下水《おおげすい》」が造られる。水路は「藍染川」「藍初川」とも呼ばれていた。神田紺屋町《こんやちょう》の染物屋が水を利用し、川が藍色に染まったことがその名の由来とされている。現・ＪＲ神田駅南西側、佐竹稲荷社の前から始まり、神田堀から北側に１８０メートル前後離れたところを並行して流れていた。

神田下水と竜閑川

近世から近代へ入ると、神田の水環境は変化していく。江戸後期に日本での流行が始まったコレラは、明治期に入ると東京でも頻繁に流行するようになる。人口密集地区であった神田地域は、特に１８８２年（明治15）の流行で大きな被害を受けた。これを契機に１８８４年（明治17）、衛生改善を目的とし「神田下水」が造られる。オランダ人技師の指導のもと、煉瓦造りで卵型の断面を持つ主水路が、現・ＪＲ神田駅付近の道路下に埋設され、そこに分管が接続された。

神田下水は処理場をともなわず、直接河川に排水する下水だった。その排水先として選ばれたのが、埋め立てられていた神田堀だ。明治16年（１８８３）、浜

①日本橋川の鎌倉橋下流左岸側（東側）、かつての竜閑川分岐点には今でも水門がある。

②竜閑川を埋め立てた道路は竜閑新道と呼ばれた。

町川～新堀が再び北に延長されて神田川に接続された。この時に、神田堀も掘り返されて「竜閑《りゅうかん》川」として復活する（写真①）。一方、並行する「大下水」藍染川は、入れ替わるように1885年（明治18）に埋め立てられ、神田下水の分管に置き換わった。神田下水の整備は財政難により中途で終わったものの、近代下水道整備の先駆けとなった。そしてコレラ流行は上水道の近代化の契機ともなり、1901年（明治34）には神田上水が淀橋《よどばし》浄水場（新宿区）からの上水道に切り替わり、役目を終えた。

こうして復活した竜閑川だが、終戦後の1950年（昭和25）、戦災の瓦礫《がれき》処理先として選ばれ、またもや埋め立てられてしまう。浜町川もこの時に中流の小川橋までが埋め立てられ、1974年（昭和49）には残った下流部も埋め立てられる。

現在の川跡

現在、竜閑川は千代田区と中央区の区界を抜ける路地「竜閑新道」としてその跡をたどることができる（写真②）。交差点や公園の名に、竜閑橋や今川橋、地蔵橋といったかつての橋の名が残る（写真③④）。そして、川跡の西端には、1926年（大正15）竣工《しゅんこう》の、竜閑橋の橋桁《はしげた》と親柱《おやばしら》が保存されている（写真⑤）。川跡がJRのガードをくぐる下には、埋め立て直後の

⑤保存されている竜閑橋。日本初のコンクリートトラス橋である。

③今川橋は交差点名にその名が残り、記念碑や由来の説明板も設けられている。一説には「今川焼」発祥の地とされ、橋のたもとで売られていたといわれている。

④竜閑川の暗渠に面して地蔵橋西児童遊園に建つ埋立記念碑。埋め立てに至る経緯や収支が記されている。

⑥浜町川との合流地点は公園となっており、橋のモニュメントが造られている。奥に続いているのが竜閑川暗渠で、浜町川は手前を右から左に流れる。

1951年（昭和26）に神田駅前の露店が移動してきた飲み屋街「今川小路」が形成された。しかし、ガードの耐震補強工事にともない、2018年に解体撤去されてしまった。

浜町川の1950年（昭和25）に埋め立てられた区

⑦浜町川に架かる大和橋は幅が広かったため、川の埋め立て後、橋の下を映画館にすることも検討された。結局は1953年に地下駐車場「大和橋ガレージ」となり今に続く。路上には橋の継ぎ目が残り、駐車場壁面には、橋の土台らしき石組が見られる。

⑧ビルの高い壁面に挟まれた浜町川の暗渠路地は、低地に現れた深い谷のようだ。

⑨かつて浜町川跡の一部は商店街にもなっていたが、再開発により現在はこの一画しか残っていない。

間は、幅十数メートルあった川の敷地のうち、下水道が通る1〜2メートルほどの路地を中央に残して建物が建てられている（写真⑧）。大部分はビルやマンションとなっているが、一部には埋め立て直後に集団移転してきた露店の名残《なごり》の飲食街も部分的に残っている（写真⑨）。一方、1974年（昭和49）に埋め立てが完了した下流部は、緑道や公園となっていて、上流部とはまったく異なった景観となっている（写真⑩）。

藍染川は、今ではまったく痕跡がない（写真⑪）。唯一、『江戸名所会』に描かれた弁慶橋の説明板が岩本町2—11に建てられており、川があったことを示している。お玉ヶ池は、お玉稲荷（写真⑫）や銭湯「お玉湯」などにその名が残り、一帯に三つの記念碑（「お玉ヶ池種痘所」の碑、「お玉ヶ池児童遊園」の碑、「東京都指定史跡　お玉ヶ池跡」の石碑）が設けられている。

こうして、神田の町中を流れていた二つの水路はなくなってしまったが、一方で神田下水は、震災や空襲をくぐり抜け、何と現在でも煉瓦造りの水路がそのまま現役の下水道として利用されている（写真⑬）。

⑫お玉ヶ池の記憶を残すお玉稲荷。安政の大地震後に葛飾区新小岩の於玉稲荷神社へ移され、今残るのは分社。

⑩ 1970 年代に暗渠になった区間には人工的なせせらぎが流れる。この界隈では貴重な緑地となっている。

⑬神田下水では今も明治時代に埋設された煉瓦の水路が現役で使われている。（写真提供：東京都下水道局）

⑪藍染川の最上流部の跡は、神田駅西口商店街となっている。

1994年（平成6）に東京都指定史跡に、2013年（平成25）には土木学会選奨土木遺産に指定されたその水路を見ることはできないが、神田駅西側に説明板が建っている。そして神田川と日本橋川は、巨大な都市排水路に姿を変えつつ、今でも流れ続けている。

今はなくなってしまった水路、そして今でも流れ続けている水路。それらのかつてのつながりを意識しながら町を俯瞰《ふかん》すれば、江戸から昭和に至る、人と川とのかかわり方の来歴が見えてくる。

3 指ヶ谷と鶏声ヶ窪の川（東大下水）――戦前に暗渠化された川【文京区】

指ヶ谷と鶏声ヶ窪の概要

第1章で触れたように、山手線の内側を流れていた川の多くは、関東大震災前後から戦前にかけて暗渠化された。これらの一例として、文京区東部を流れていた「指ヶ谷（さすがや、さしがや）」の川を追ってみよう。

指ヶ谷は小石川（谷端川）の谷の支谷《しこく》で、JR巣鴨駅の南側に始まる谷と、JR駒込駅の南東に続く鶏《けい》声《せい》ヶ窪《がくぼ》の谷がY字型となって本郷台地に食い込んでいる。始まりはごく浅い谷だが、都営地下鉄三田線の白山駅付近では台地上との標高差が10メートルほどある深い谷となる。そして谷底には「指ヶ谷の川」「大下《おおげ》水《すい》」と呼ばれる川が流れていた。鶏声ヶ窪の流れなどの合流するほかの流れとまとめて「東《ひがし》大下水」とも呼ばれていた。これは小石川の別称「西《にし》大下水」と対比した呼び名だ。指ヶ谷の谷の東側には中山道《なかせんどう》が、鶏声ヶ窪の谷のそばには日光《にっこう》御成道《おなりみち》（現・本郷通り）が通り、それらの街道には千川《せんかわ》上水が埋樋《うめひ》で流れていた。「下水」は「上水」に対比された名称だが、実際に街道沿いの寺社や屋敷の排水路としても利用されていたのだろう。川は明治期以降の市街地化により、大正後期には浚渫《しゅんせつ》や護岸改修など、下水道計画に対応した工事が実施された。その後大正末期から昭和初期にかけて暗渠化され、大部分は下水道白山幹線となった。

指ヶ谷上流部（巣鴨から白山まで）

まずは指ヶ谷の上流部から追っていこう。指ヶ谷の流れの水源は、JR巣鴨駅南西、文京区千石4—25の

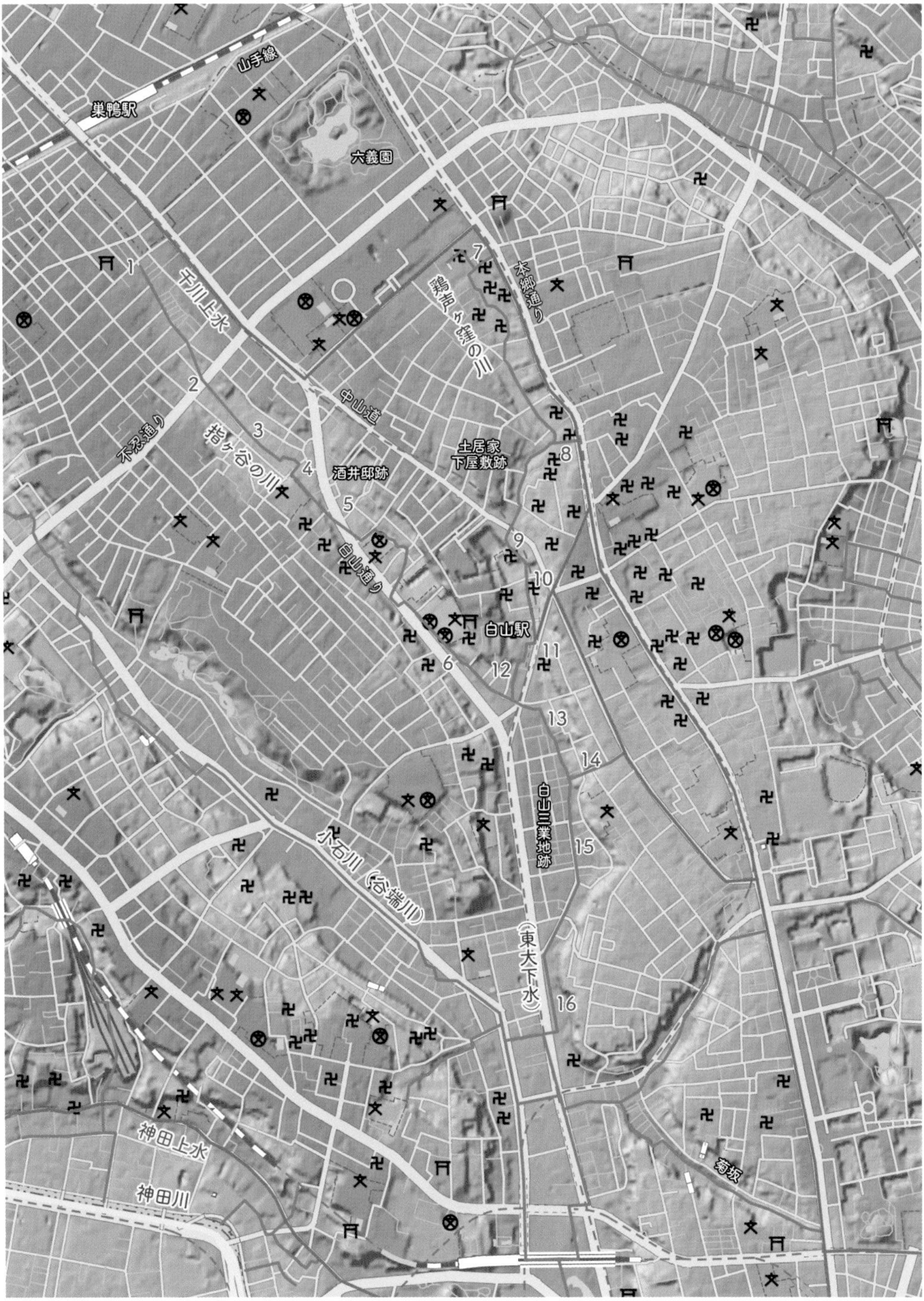
山手線
巣鴨駅
六義園
千川上水
不忍通り
指ヶ谷の川
酒井邸跡
中山道
白山通り
土居家
下屋敷跡
鶏声ヶ窪の川
本郷通り
白山駅
白山三業地跡
小石川（谷端川）
（東大下水）
神田上水
神田川
菊坂
1
2
3
4
5
6
7
8
9
10
11
12
13
14
15
16

大鳥神社・子育稲荷付近とされる。ここから幅1メートルほどの水路が、千石本町通り商店街へと続く道沿いに南東へと下っていた（写真①）。現在、道路下には、川を暗渠化した下水道白山幹線が通っている。暗渠沿いはきわめて浅い谷となっているが、不忍《しのばず》通りを横切る地点まで来ると、通りの凹みに谷筋がはっきりと現れている（写真②）。暗渠は明化《めいか》小学校の手前で細い路地となる（写真③）。路地の出口は、暗渠上に民家がはみ出し、トンネルのようになった珍しい風景が見られる。この区間は今でも水路敷扱いとなっている（写真④）。

川はこの先を南東へと下っていたはずだが、1969年（昭和44）に開通した（新）白山通りに飲み込まれて、今は確認できない。ただ、このあたりから台地上との高低差は、はっきりしてくる。白山通りの東側の斜面、日土地原町ビルの敷地は江戸期より続いた酒井邸の跡で、敷地内の崖下には指ヶ谷の川の水源の一つであった大きな池が、戦後まで残っていた。近くの京華《けいか》女子中学・高校の前には鶏声の井（後述）

①水路は道路の右側を手前から奥に向かって流れていた。左手の住宅地には石畳の路地が残る。

②不忍通りが指ヶ谷を横切る地点は緩やかに窪んでいる。

③今でも水路敷扱いとなっている暗渠路地。付近のマンホールには1933年敷設と記されている。

④暗渠の上に民家がはみ出していて、トンネルのようだ。

の記念碑（写真⑤）が建っているが、これは昭和初期に酒井家が建てた碑を移設したものだ。スクラッチタイル張りの校舎は、ちょうど指ヶ谷の流れの暗渠化が完成した1933年（昭和8）の竣工で、建物前を通る白山通りの歩道には、1933年の敷設であることが示されたマンホールがある。

少し先にある、京華高校の敷地もかつては屋敷地で、明治後期まで池があった。酒井邸と同じく、本郷台の崖下の湧水を活かした庭園だったのだろう。暗渠はその先で白山通りを離れて、京華通りとしてたどることができるようになる（写真⑥）。通り沿いの斜面にある龍雲禅院には、川に架かっていた石橋の供養塔が残っている。斜面の上は指ヶ谷と鶏声ヶ窪に挟まれた、岬のような高台になっていて、白山神社が鎮座している。そして岬の先端の下、旧白山通りと交差する手前で、鶏声ヶ窪からの流れが合流していた。

⑤「鶏声の井」を記念した石碑は、指ヶ谷の谷筋にある京華女子高校の前に移されている。

⑥白山通りから左側に逸れていく指ヶ谷の暗渠。地下には幅 2.3 メートル、高さ 1.7 メートルほどの馬蹄形の断面をした煉瓦造りの暗渠が通っている。

鶏声ヶ窪の流れ

鶏声ヶ窪の谷は、駒込駅そばの六義園《りくぎえん》の南東に始まる。六義園は柳沢吉保《やなぎさわよしやす》の下屋敷の庭園で、池の水を千川上水から取り入れていた。そして明治時代に岩崎邸に変わる頃までは、池の排水を鶏声ヶ窪の川に流していた。川の上流部はほとんど痕跡をなくしているが、屋敷地の南端に接していた江岸寺《こうがんじ》の門前には、今でも古い石橋が残る（写真⑦）。境内には弁天池もあったと伝わる。水路は少し東に進んだ地点で、本郷通り沿いに並んだ富士神社の門前町の「下水」を合流し、天然寺、長源寺、教元寺の裏手を通り、円通寺の門前へと抜けていた。円通寺の前には不自然に細長い、未舗装の空間が残る。本郷1―25付近からようやく道路と水路跡が一致し、たどることができるようになる。

目赤不動《めあかふどう》の敷地南側には、いかにも暗渠らしい下り坂の路地が通っている（写真⑧）。旧・浅嘉町《あさかちょう》から流れ来て「桜木橋」で本郷通りをくぐり、鶏声ヶ窪の流れに加わっていた支流の暗渠だ。目赤不動内の池にいったん注いでいたともいう。

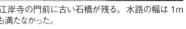

支流を合わせた水路は向きを南東に変え、谷が深くなってくる。このあたりが鶏声ヶ窪と呼ばれる窪地だ。江戸時代から大正にかけて一帯は土井家の屋敷となっており、窪地の底には明治後期まで池があった。

⑦江岸寺の門前に古い石橋が残る。水路の幅は1mにも満たなかった。

⑧目赤不動の脇を下っていく支流の暗渠。かなりの勾配がついていて鶏声ヶ窪の谷を実感できる。

鶏声ヶ窪の地名は江戸時代初め、この屋敷の庭で夜ごとに鶏の声が聞こえたため、地面を掘ったところ金銀の鶏が現れたという故事に基づいて名づけられた。掘った場所からは水が湧き「鶏声の井」と呼ばれた。1869年（明治2）には「鶏声暁《あかつき》を告げる」ことにちなんで一帯の地名は曙《あけぼの》町となった。

池跡の先で暗渠は旧・中山道と交差する。ここには元禄《げんろく》寅年（1698年〔元禄11〕）に架橋したことに由来する「虎が橋」が架かっていた。付近の中山道の賑

⑨暗渠は東洋大学の敷地内を抜け、谷底を緩やかにカーブしながら南下していく。

⑩鶏声ヶ窪の谷を横切りV字を描く坂道

⑪鶏声ヶ窪の川跡は、地下鉄三田線白山駅前を抜けていく。車止めがいい目印となっている。ここを奥から手前に流れていた。

⑫ 90年前に暗渠化されたが、今も未利用の隙間空間として残っている。

わいが幕末の歌川広景《うたがわひろかげ》の浮世絵「白山傾城《けいせい》ヶ《が》窪《くぼ》」に描かれている。その先は東洋大学の敷地内となるが、今でも下水道となった暗渠が通り抜けている。敷地の南側からは、再び暗渠の道が現れる（写真⑨）。暗渠に交差する道はV字の坂となっていて、谷の深さがよくわかる（写真⑩）。

　暗渠は白山駅前を、車止めのついた歩行者道として抜けたのち（写真⑪）、住宅地の裏手へと入る。通り抜けることはできないが、家々の隙間に細い暗渠が残っている（写真⑫）。ここは鶏声ヶ窪の暗渠探索の中で、最大の見どころといえよう。暗渠化されて90年近く経つのに、姿を変えることなく、空き地のまま残っているからだ。暗渠沿いの心光寺の裏手は急な斜面となっていて、かつては水が湧いており、その水を

⑭胸突坂から指ヶ谷に下る暗渠。柵の先に深く細長い暗渠の空間が潜む。

⑬台地の崖下を抜ける暗渠。路地裏感が色濃く漂う。

利用して戦前まで川沿いに金魚の養殖池があったという。暗渠は白山下の交差点付近で京華通りに出て、指ヶ谷の流れに合流する。

指ヶ谷下流部（白山から春日まで）

ここから再び指ヶ谷の川に戻ろう。白山下の合流地点付近は芋洗《いもあらい》と呼ばれており、その南東の一角にはかつて千川上水の開削を請け負った仙川村の太兵衛・清兵衛が、千川の姓を賜《たまわ》り、「千川屋敷」を構えて住んでいた。今では住宅地となっているその裏手にある本郷台の崖下に、細い路地となった暗渠が曲がりながら続いている（写真⑬）。大谷石の擁壁《ようへき》が迫り、どこか湿り気があって、指ヶ谷の暗渠でもっとも川跡らしい区間となっている。進んでいくと、右手からかなり急な暗渠が合流する。下水の音が轟々と響く。旧白山通りから胸突坂《むなつきざか》沿いに流れてきていた水路の跡だ（写真⑭）。

しばらく南下すると、暗渠は広い通りに出る。ここから先、川は通りの左側を流れていて（写真⑮）、旧・

本郷区丸山福山町と旧・小石川区指ヶ谷の境界になっていた。福山町側には古そうな印刷所などが並ぶ。指ヶ谷側は明治中期に銘酒屋ができて以降、花街《かがい》として発展していく。その頃の街を舞台にしたのが、樋口一葉の『にごりえ』だ。明治末には三業地《さんぎょうち》としての指定を受け、昭和初期には白山通りの拡幅や市電の開通で最盛期を迎える。川沿いの低地で雨が降ると水はけが悪かったため、三業地の路地には石畳が整備された。1970年代末に三業組合が解散したのち、花街はふつうの住宅地へと姿を変えた。空襲を逃れた街には戦前からの建物や石畳が残っているが、年々その数は少なくなっている。

⑮川は道に沿って流れていた。右手は白山三業地の跡地で、石畳の路地や料亭の建物がわずかに残る。

⑯暗渠の空間が不自然に幅広の歩道として残る。紳士服のコナカ前には樋口一葉終焉の地の石碑が建つ。

　暗渠はやがて白山通りに出る。暗渠が沿っていた旧道と、新たに拡幅した白山通りが微妙に離れていることで、ちょうど暗渠の空間が車止めつきの幅広い歩道となって目に見える（写真⑯）。歩道が尽きる地点で水路は直角に折れ曲がり小石川に合流する流れと、南下して菊坂の支流と森川町の支流を加えてから小石川に合流する二流に分かれていた。これより先の流路は道路に飲み込まれ消滅している。

　戦前に暗渠化された川では、一世紀近い時の経過の中でほとんどの痕跡が失われている。実際に歩いてみても、明らかに川跡らしい風景を見出すのはなかなか難しい。それでも、地形の高低差や、地図に現れない暗渠の曲がり具合、そしてかすかな名残を見つけていくことで、確かにそこに川があったことを感じられるだろう。

4 谷沢川——耕地整理と暗渠

【世田谷区】

谷沢川の概要―等々力渓谷の川

世田谷区を流れる多摩川の支流「谷沢川《やざわ》」は、世田谷区桜丘3丁目付近を水源とする。流域の湧水や用賀地区のいくつかの支流の水を集め、多摩川に注いでおり、下流部は23区に唯一残る渓谷「等々力渓谷《とどろき》」として知られている。環八通りと第三京浜とが交わる交通の要所のすぐそばに、鬱蒼とした緑に覆われた深い渓谷が1キロ近くにわたって続く。

一方でその上流部は、平坦な住宅地を街路の区画に合わせて整然と折れ曲がって流れる暗渠になっている。この対照的な景観は、第1章で触れた昭和初期の耕地整理によるものだ。以下、耕地整理の影響を受けた暗渠の事例として、谷沢川上流部をたどってみよう。

谷沢川は、下水道36答申では下水道化の対象外となっていたが、のちに追加で協議対象となり、用賀駅までの上流区間が暗渠化された。しかし、実際には暗渠化区間のほぼ全部が、下水道化されずに水路に蓋掛けしただけになっている。それは、暗渠化の時期が1970年代後半から80年代前半と遅かったため、暗渠とは別に下水道が整備されたことが背景にあるようだ。流域には下水を流す「谷沢川幹線」と、雨水を流す「谷沢川雨水幹線」が設けられている。

水が流れる源流部

世田谷通りと千歳通りが分かれる東京農大前交差点の北側裏手に、行き止まりになった少し窪んだ未舗装の路地がある。この奥から始まっている蓋掛けされた

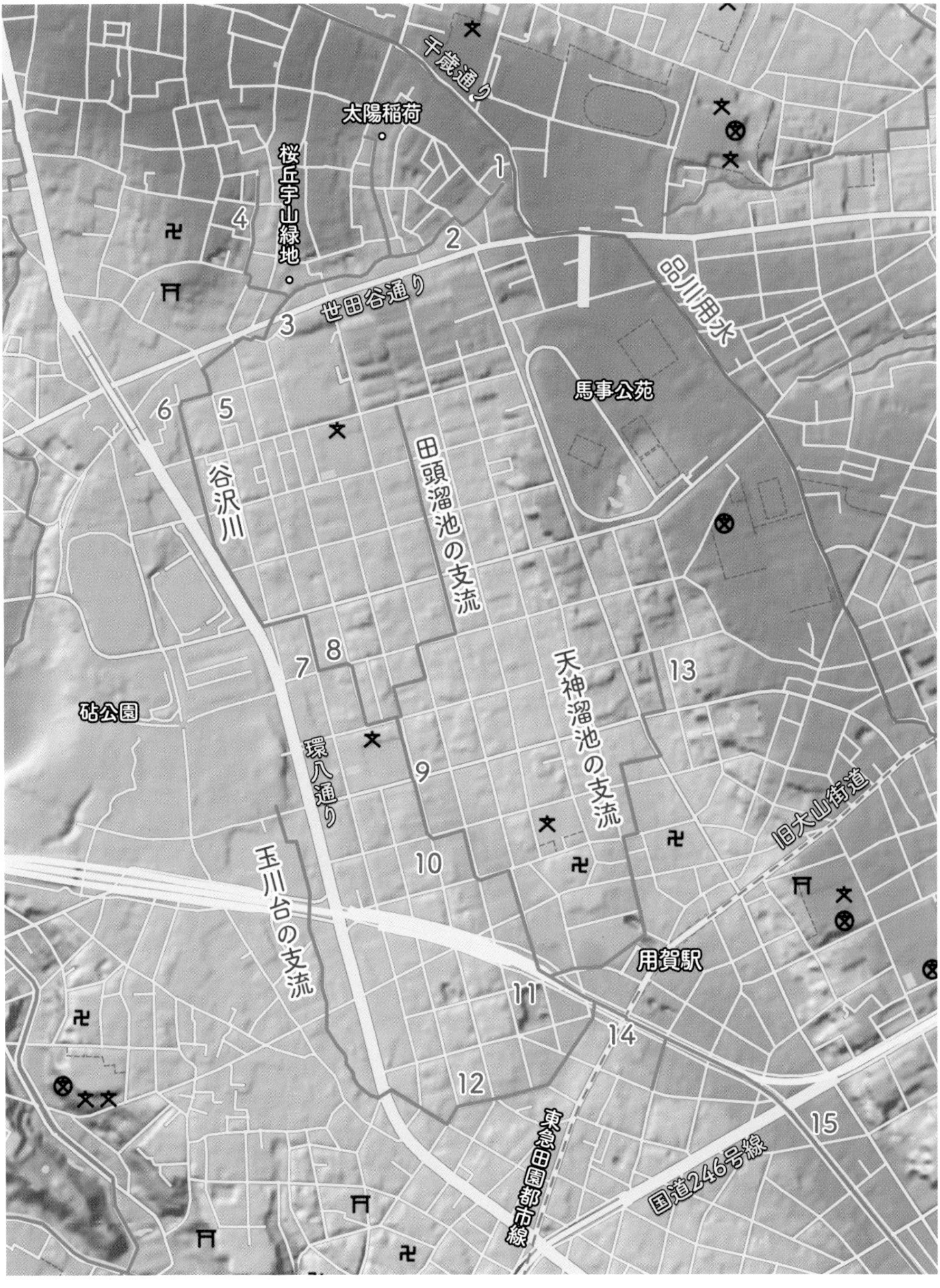
千歳通り
太陽稲荷
桜丘宇山緑地
世田谷通り
品川用水
馬事公苑
谷沢川
田頭溜池の支流
天神溜池の支流
砧公園
環八通り
玉川台の支流
旧大山街道
用賀駅
東急田園都市線
国道246号線
1
2
3
4
5
6
7
8
9
10
11
12
13
14
15

①谷沢川の最上流部。奥の突き当たりから暗渠が始まり、手前に流れ来る。

②植木鉢、プランター、物干しと、私的空間がはみ出す、住宅地の暗渠ならではの風景だ。

④宇山の支流の暗渠には今でも湧水が流れる。2010年に掛け替えられた蓋の下には、玉石の護岸の小さいが美しい水路が眠る。柵の隙間からその様子を確認できる。

③上流部で唯一残る開渠の区間。常に水が流れている。

小さな暗渠が、谷沢川の源流だ（写真①）。一帯は荏原台の北端にあたり、23区内でもっとも標高が高いエリアだ。すぐ裏手にある東京農大前の道沿いには、昭和初期まで品川用水が通っていた。

暗渠は道路沿いの歩道から、住宅地内の家々のあいだへと移り、谷の地形に沿って緩やかに曲がり、南西へと流れていく（写真②）。途中で合流する支流は、桜丘3―19の太陽稲荷神社付近を源流としており、こちらもコンクリート蓋の暗渠となっている。

世田谷通りを横切る直前のわずかな開渠区間では、いつも澄んだ水が流れている（写真③）。暗渠区間のどこかで、今でも水が湧いているのだろう。ここでは二つ目の支流が合流していて、３００メートルほど遡ることができる（写真④）。こちらの支流も暗渠ではあるが、綺麗な水が流れている。合流地点の近くには桜丘宇山緑地と呼ばれる小さな窪地があり、大雨のときには遊水地の役目を果たしている。

品川用水と谷沢川の溜池

世田谷通りを越えると、流域は桜丘から上用賀に変わり、耕地整理されたエリアに入る。上用賀6―22の駐車場脇には「谷沢川湧水池跡」の碑が建てられている（写真⑤）。ここにかつて「上の溜池」があったことを示すものだ。

谷沢川の上流・中流部は、大正半ばまで農業用水として利用され、流域には水田が連なっていたが、水量が少なかった。そのため、江戸時代前期に品川用水が開削された際に、2箇所に分水を引き込んで水を補っていた。本来品川エリアの灌漑用水だっ

⑤この付近に「上の溜池」があり、上流からの水と合わせて灌漑用水として使っていた。耕地整理で水田が畑地に転用されたことで、溜池も不要になり埋め立てられた。

たが、工事への協力の見返りとして、導水が許されたのだ。そのうちの1箇所が、谷沢川の源流部の地点だ。

しかし1689年（元禄2）には、水不足を理由に分水は廃止され埋め立てられてしまう。困った村人たちは、貴重な水を有効に活用するために谷沢川の本支流に溜池を造った。「上の溜池」はその一つだ。谷沢川の湧水を溜めたことにはなっているが、実際には埋め立てた水路を伝わって、品川用水から水が漏れていたようだ。また、ときには盗水も行われた。「上の溜池」のほか、支流には「田頭溜池」や「天神溜池」（後述）などがあった。

耕地整理での流路付け替え

「上の溜池」跡付近を過ぎると、暗渠は街路の区画に合わせた直線と直角の組み合わせの人工的な水路となり、幅もだいぶ広くなってくる。この流路は「玉川全円耕地整理」の中で生まれた。大正14年（1925）に始まった「玉川全円耕地整理」は世田谷区南部エリ

図1　耕地整理前後の谷沢川流路
玉川全円耕地整理用賀西区設計図（1934）より、谷沢川旧流路（紫色）を改修後の流路（青）と重ねてプロット。流路が大胆に整理されたことがわかる。

ア全域にわたる、東京近郊で最大規模の耕地整理事業だ。耕地整理は本来は農業の改良事業だが、将来の宅地化に備える側面もあった。谷沢川上流の用賀エリアでは、用賀西区、中区、東区の工区に分け、1934年（昭和9）から1944年（昭和19）にかけて耕地整理が実施された。

耕地整理前まで、用賀駅北側には浅い谷が続き、谷沢川はそこを2〜3本に分かれて自然な形で流れ、その流路の間には水田が広がっていた。これらの水田は耕地整理で埋め立てられ、東西70メートル、南北120メートルのブロックの街区に整理された。そして、川は1本にまとめられて街区の枡目に沿って流れるように改修された（図1）。

都内各地に見られる直線的な暗渠は、開渠だった頃に耕地整理によって改修された結果であることが少なくない。谷沢川の直角に曲がる暗渠は、その典型的な例といえる。

暗渠は区画に沿って少しずつ川幅を広げながら、南へと下っていく（写真⑥）。上を歩いているとガタゴトと音がして、そのうち抜け落ちるのではないかと不安にもなる。環八通りに突き当たるといったん暗渠は歩道の下に姿を消すが、砧公園北東端の向かいから、環八を離れて再び現れる。

暗渠の幅はさらに広くなって、格子状の道沿いに何度も直角に曲がりながら流れていく。場所によっては車道と大きな段差ができている（写真⑦）。環八通りから4回目に曲がった後の用賀中学校北側には、「第六天橋」の欄干が残っている（写真⑧）。

⑥交差点を斜めに横切る暗渠。コンクリートの橋がはっきりと確認できる。

⑦耕地整理時の区画に沿って、暗渠は直角に曲がっていく。

⑨用賀中学校前の幅広な暗渠。本村橋の跡が残るが、位置がずれている。

⑩暗渠上に設けられた「用賀プロムナード」は、沖縄の名護市庁舎などで知られる象設計集団の手により1986年に竣工した。

⑧暗渠区間で唯一完全な形で残る第六天橋は、昭和44年に竣工した。

三つの支流

橋のすぐ先では、用賀住宅方面にあった「田頭溜池」からの支流が合流している。田頭溜池は上用賀4―9付近にあり、文字通り浅い谷戸にある田んぼの最奥部にあったという。今では耕地整理で跡形もなく、直線の歩道となったコンクリート蓋暗渠だけが残る。

合流後の暗渠はさらに幅を広くして南下していく（写真⑨）。用賀中学校の南東角には洗い場の石碑が建っている。市場に出荷する野菜を谷沢川の水で洗っていた場所だ。

ずっと続いてきたコンクリート蓋の区間はこの先で終わり、東北東に曲がるとともに遊歩道「用賀プロムナード」に組み込まれる。さまざまな形のベンチや、暗渠に沿った親水路が続き、路面は百人一首が刻まれた淡路瓦で舗装されている（写真⑩）。オーケーストアの角から、暗渠は遊歩道から離れて、首都高速3号線の直下へと至る。しばらく進むと、高速の下に南橋

⑪首都高速の直下にある南橋。下流側は鉄板の蓋掛けがされて駐輪場になっている。

⑫砧公園の南東部から流れ出していた支流の暗渠。ところどころに縁石付きの古い蓋が残っている。

⑬天神溜池支流の最上流部は長い間蓋掛けされず、水がわずかに流れていたが、2016年に暗渠化された。

⑭用賀駅前、田中橋の下から谷沢川が再び姿を現わす。

の欄干が見える（写真⑪）。

この付近では、右岸（南側）から、砧公園南に発し、瀬田、玉川台を流れてくる支流が合流している（写真⑫）。川沿いには昭和初期まで、金田屋の池と村山の池という、二つの溜池があったという。

また、左岸（北側）からは、天神溜池からの支流も合流してくる（写真⑬）。こちらの支流には谷沢川本流の源流と同じく、品川用水の分水が接続されていた。しかし本流側と同じ時期に分水は廃止され、村人は水不足に苦しんだ。そして1720年（享保5）頃、支流を堰き止めて「天神溜池」が造られる。溜池は3300平方メートルもの広さがあり、三つに分かれていた。その規模から、埋められた分水跡からの漏水や盗水を溜めていたといわれている。池があった付近は今も三方が坂となった窪地となっていて、一部が公園として残り、碑が建てられている。

⑮国道 246 号を越えた先。かつてはいく筋にも分かれて流れていたが、耕地整理時に統合された。ここから 2 キロほど下ると等々力渓谷だ。

開渠の都市河川へ

南橋から高速に沿って100メートルほど進むと、田中橋交差点で谷沢川は地上に姿を現す（写真⑭）。流路には水が流れているが、その大部分は、ここからおよそ2キロ西に流れる仙川の水を、岡本3―40にある浄化施設を通して導水管で引いてきた水だ（1994年〔平成6〕竣工）。高速の下を流れる深いコンクリート張りの水路は典型的な都市河川の姿をしている。

谷沢川はこの先で国道246号を越え、谷沢川雨水幹線に集まった雨水も加えて、等々力渓谷へと流れていく（写真⑮）。開渠区間にも滝の跡や九品仏川との河川争奪地形など興味深いポイントがあるが、本書ではここまでとしておこう。

5 立会川とその支流——36答申で暗渠化された川

【目黒区・品川区】

立会川の概要

高度経済成長期、36答申の対象となって暗渠化された川の例として、立会《たちあい》川をたどってみよう。立会川は、目黒区および品川区を流域として東京湾に注ぐ全長7・4キロの川だ。川名の語源には、戦国時代に川を挟んで北条氏綱《ほうじょううじつな》と上杉朝興《うえすぎともおき》が対峙したことから「太刀を合わせる」に因んだためとするなど諸説がある。いずれにしても本来その名は下流の大井地区での呼称で、上流部では荏原川、用水堀、悪水《あくすい》川などと、そして河口部では浜川とも呼ばれていた。

川は荏原台と目黒台の境目に広がる、浅く幅広の谷を流れていた。上流部は地下水位が浅く、湿地帯のようだった。そのため、川沿いの水田は水はけが悪く胸までつかるほどの深い泥田で、カンジキや舟を使って田植えをしたという。流域の北側の台地上には品川用水が通り、そこから立会川の支流へつながる分水もいくつか引かれていた。

流域の都市化と暗渠化

立会川流域は、明治時代中期に、現在の大井町駅付近に工場がいくつかできたのを皮切りに、大正から昭和初期にかけて下流より順に都市化していく。耕地整理組合による区画整理の進行は宅地化に拍車をかける。下流部は１９１７年（大正６）頃より、中流部は１９２０年代半ばに、そして最上流のエリアも１９３０年代には区画整理が始まった。関東大震災後の被災者流入や、現・東急の各路線（目黒線・

１９２３年（大正12）、池上線・大井町線：１９２７年（昭和２））が開通したことで、立会川流域の人口は急増した。立会川の流路も区画整理と同時期に改修され、流路の整理と直線化、護岸工事などがなされた。

都市化の結果、澄んだ水が流れていた川は、１９５０年代には汚れた川となり、また大雨のたびに氾濫《はんらん》するようになった。１９６０年代前半にも再び改修工事が行われたが、同時期の下水道36答申の中で、立会川も暗渠化し下水に転用する河川の対象にあげられることとなった。

これにより立会川は、感潮域である河口部の７５０メートルほどを残して暗渠化され、下水道幹線として転用された。碑文谷池付近からの流れは碑文谷幹線に、清水池付近からの流れは目黒本町幹線に、そして二つの流れの合流後は立会川幹線として利用されている。

立会川が暗渠化された時期は１９６９年（昭和44）から１９７３年（昭和48）とやや遅い。そして、36答申対象で暗渠化されたほかの河川に比べて、車道になった区間が多く、それも遊歩道や児童遊園となった

①広々とした碑文谷池。中島には厳島神社が鎮座する。

④釣り人が目立つ清水池。池の畔の弁財天の参道には、近くを流れていた品川用水に架かっていた「池之上橋」が移設されている。

区間と切り替わるように混在しているのが立会川の暗渠の特徴だ。以下、上流から順に見ていこう。

上流域――碑文谷池と清水池、支流の暗渠

立会川は碑文谷池《ひもんやいけ》と清水池を主な水源としていた。二つの池は今も健在だ。これはどちらも1932年（昭和7）に公園として東京市に寄付されたことで、池周辺の環境が維持されたためだ。

いずれの池も周囲の水を集めた溜池で、立会川沿いの水田の灌漑用水として利用していた。碑文谷池（写真①）は、三谷の池と呼ばれていた碑文谷村の共有地で、周囲は将軍の鷹狩場でもあった。現在、池はボート場となっている。

一方、清水池（写真④）は池ノ上の池、弁天池、溜井《ためい》とも呼ばれ、字池之上共有の湧水池であった。現在はヘラブナが放流され、釣りのできる池として知られる。いずれの池も、池に至るまでの谷筋に水路の跡が残っており（写真②）、これらの水を池に集め溜めて

②碑文谷池西側の暗渠。池の水源の一つだったが、区画整理後は池を迂回して立会川に注いでいた。

③碑文谷八幡宮前から、清水池からの支流と合流するまでの区間まで、神社の参道を伸ばしたかのようにまっすぐに暗渠が続いている。区画整理時に意識的に水路を付け替えたのだろう。

⑤清水池の南方、家々の隙間の路地に、古びたコンクリート蓋の細い暗渠が残っている。かつて清水池の南東側から流れ出していた小流の名残だ。

⑥西小山駅付近の暗渠沿いに残る桜並木。付近はかつて三業地だった。この付近から旗の台駅北側まで、暗渠は道路になる。

いたと思われる。

碑文谷池を流れ出ていた立会川の流路は、しばらくは道路の歩道として、碑文谷八幡宮付近からは緑道として、たどることができる。緑道の区間は、道路の中央の水路だった場所に、細長い帯状に一段高くした遊歩道が設けられ、両側の川沿いの道がそのまま車道となっている（写真③）。

碑文谷八幡宮は碑文谷村の鎮守で、碑文谷の地名の由来である碑文石が保存されている。呑《のみ》川の川底に露出していた上総層群《かずさそうぐん》（海成の堆積層で、関東平野の基盤をなす地層）の砂岩を材料としており、室町期のものと推定されている。関東大震災後に立会川流域が急速に宅地化していく中、八幡宮周辺は最後まで田畑が残っていた。今でも八幡宮は広々とした緑に囲まれ、往時の田園風景を偲ばせる。

立会川の上・中流部には矢の川、三谷の流れ、洗足《せんぞく》から原町の支流、池之谷の支流、中延《なかのぶ》の支流（中延用水）など、いくつか支流があった。大部分は耕地整理の影響で、道路と一体化してしまっており、地形にだけその痕跡を残している。しかし、「矢の川弁財天」や「厳島神社の池」といった水源の名残や、細いコンクリート蓋の暗渠や路地といった痕跡（写真⑤）も、わずかながらではあるが、探し出すことができる。

中流域——花街、立会川緑道、品川用水

西小山駅付近で、道の中央を通る暗渠の緑地帯はいったんなくなり、立会道路となる。一方通行の車道となった暗渠沿いには、暗渠化前から川沿いを彩っていた桜並木が今も続く（写真⑥）。１９２８年（昭和３）に東急目黒線西小山駅が開設した直後、駅の東側の川沿いに三業《さんぎょう》地《ち》が認可された。全盛期の１９４０年（昭和15）前後には45軒の料亭があり、置屋40軒が１２０人の芸妓を抱えて、立会川の清流を挟んで賑わっていたという。空襲で消失したものの戦後も復興し、１９６０年代半ばまでは賑わいを見せていた。しかし川の暗渠化と前後して１９７５年（昭和50）には組合が解散し、花街《かがい》は消滅した。

中原街道から荏原町《えばらまち》駅に至る区間は、児童遊園や駐輪場といった、典型的な暗渠利用の景観が続く（写真⑦）。上流部とは違って車道になっておらず、まわりに高い建物がなく谷幅も広いため、空が開けて明るい。

荏原町駅から第二京浜国道までの間は、暗渠化当初は道路になっていたが、１９８０年代後半に緑道として整備された。歩行者専用の緑道の両脇に細い側道が通る、やや古風な緑道だったが、２０１９年から22年にかけて、自転車道と歩道を分離した形に再整備され、

⑦旗の台駅から荏原町駅にかけて、暗渠の上は立会川児童遊園になっている。

⑧立会川沿いは視覚的に高低差がつかみにくいが、ここでは荏原台の崖下をかすめており、擁壁が迫る。

⑨住宅地の隙間にいくつも残る小さな暗渠の一つ。

すっきりした景観となった（写真⑧）。

暗渠の北側には、直角にぶつかる細い路地や、コンクリート蓋の掛けられた水路がところどころに見られる。これらは、耕地整理の際に設けられた雨水や湧水の排水路の暗渠だ（写真⑨）。

第二京浜国道を渡ると大井町駅付近までは、暗渠は再び立会道路と呼ばれる車道となる。ただ、歩道の端に点在する雨水桝の蓋には「立会川緑道」と記されている。車道は上流側に向けての一方通行だ。かつては細かく曲がりくねり、いく筋かの流れに分かれていたが、耕地整理で水路は一本化され、より直線に近い形に改修されている。現在の暗渠はその流路が姿を変えたものだ。

第二京浜の少し東側では、品川用水が南下し、立会川の谷を土手と懸樋《かけひ》で越えて、川の南側の台地上へと続いていた。立会川以南への通水が昭和初期に停止したのちは、懸樋の上から立会川に、滝のように水を落とす様子が見られたという。戦後には懸樋までの水も

⑪品川用水上蛇窪分流の暗渠。流末は立会川に注いでいた。小さな橋が残っている。

⑩細長い公園の場所はかつて築堤となっていて、その上を奥から手前に品川用水が流れ、立会川（手前左から右に流れていた）を越えていた。

止まり、今では土手も取り壊されて水路の敷地のみが公園として残っている（写真⑩）。ここを過ぎると、川の左岸（北側）に再び小さな水路の暗渠があちこちで合流する姿が見られる。これらは品川用水からの分水が形を変えた暗渠だ（写真⑪）。

下流域——かつての工業地帯

ＪＲ西大井駅付近より下流では、大正期から戦後にかけて、川沿いに多くの工場があった。駅のすぐ東側には１９７０年まで川を跨ぐように三菱重工の工場があり、戦時中は戦車を製造していた。川を挟んで北側の敷地跡は、現在は西大井広場公園になっている。

その隣には、ニコン大井製作所の敷地が続く。構内には１９３３年（昭和８）竣工の建物が残っていたが、２０１６年（平成28）に解体された。現在跡地では２０２４年の竣工を目指し、ニコンの本社ビルが建設中だ。

立会川沿いの工場のいくつかは、立会川やそこにつ

⑫西大井駅から大井町駅にかけての暗渠は一方通行の道路になっている。

⑬大井町駅西側では、暗渠上は帯状に盛り土がされ、木が植えられている。

⑭駅東側は緑の多い快適な遊歩道となっている。この区間で一気に標高差４メートルを下る。

ながっている品川用水を、工業用水や排水路として利用していた。このため、水質維持を目的に、上流部の護岸改修費を負担することもあった。

立会川の橋の名前を残す「一本橋交差点」を過ぎてしばらく進むと、暗渠は道路に挟まれ一段高くなった公園になる（写真⑬）。公園は大井町駅前まで続き、その端には2匹の猫「花子と太郎」の像が建っている。暗渠上の緑地化を記念して、大井町に暮らしたことのある萩原朔太郎『青猫』にちなみ1973年（昭和48）に設置されたものだ。傍らには「二級河川立会川は下水道幹線としてこの下を流れている」との説明が添えられている。

大井町駅西側の駅前は明治後期から後藤毛絨の工場が稼働し、排水を立会川に流した。戦後はカネカに変わり、1960年代まで存続していた。今はロータリーや商業施設になっているその一角の線路側には、ひっそりと欄干が残っている。暗渠はそこから大井町駅のホーム下をくぐっていく。駅の東側に出ると、駐輪場となっている区間を経て、緑の豊かな遊歩道が続いて

⑮暗渠の出口からは、東京駅からの導水が流れ出している。満潮時にはこの付近まで海水が侵入してくる。

いる（写真⑭）。南向きで周囲に高いビルもなく、明るい日が差して、周囲の人々の生活路として人通りが絶えない。

開渠区間

月見橋の下で、川はビニールの覆いをくぐり、姿を現す（写真⑮）。暗渠を流れてきた下水は直前で流路を離れ、代わりにJR総武線の馬喰町《ばくろちょう》駅～東京駅間のトンネルで湧き出た水が導水され、流されている。上流部の暗渠化後、立会川開渠部は、水流がなくなったことで水質悪化が問題となっていたが、2002年（平成14）から導水が始まったことで、水質は大幅に改善され、ボラの大群の遡上《そじょう》も見られるようになった。現在、1日4500立方メートルの水が流されている。

開渠になってからの区間には、古い橋が残っている。第一京浜国道の立会川橋は1924年（大正13）の架橋で、親柱や欄干はだいぶ傷みながらも現役だ。京急線の高架下の橋は、高架になる前の京急線の架橋をそのまま利用していて、遡上したボラにちなみ「ボラちゃん橋」と名づけられている。次の弁天橋（1931年（昭和6）竣工）との間には水質浄化装置が設置されている。感潮域の区間の水質を高濃度酸素溶解水によって改善し、生物が暮らせるようにする試みだ。

⑯旧東海道が通る浜川橋（泪橋）。立会川はこの先で勝島運河に注ぐ。

最後の橋である浜川橋は1934年（昭和9）の竣工で、旧・東海道が通っており、風情のある欄干や親柱が残る（写真⑯）。橋が最初に架けられたのは1600年（慶長5）頃といわれており、鈴ヶ森刑場で処刑されるために護送されていく罪人を、親族がひそかにこの橋で見送ったことから「涙橋（泪橋）」とも呼ばれていた。川はここで勝島《かつしま》運河に注いで終わる。

立会川は比較的名の知れた暗渠だが、その全体像に注目がいくことは少ない。あらためて源流から河口までたどってみると、その空間の広がりの中に、江戸時代から現代にわたる街の変遷の歴史が刻まれていることがわかる。上流部の農村時代の溜池や、中流部の住宅地に残る、耕地整理の名残の支流、そして下流の工場跡など、その景観を丁寧に確かめながら歩けば、暗渠を通じて時間の奥行きが見えてくる。

6　小沢川——小さな川の暗渠化　【杉並区】

選ばれなかった地名を残す川

下水道36答申では、都内を流れる主要な中小河川の多くが暗渠化された。一方でこれらの川の支流や、答申の対象外だった川の支流の支流も、１９６０年代以降、次々に暗渠化され、下水に転用されていった。その中の一つが小沢《おざわ》川だ。

小沢川は杉並区梅里《うめざと》２丁目の真盛寺《しんせいじ》の敷地にあった「小沢の池」を主な水源とする、全長２・２キロほどの川で、丸の内線中野富士見町駅付近で神田川に合流していた。名前の由来はそのまま、池から流れ出た川が小さな沢をつくっていたから、といわれる。そして江戸以前、小沢は一帯の村の名前にもなっていた。

しかし、徳川家光《とくがわいえみつ》が鷹狩りの休憩所として村の北方にあった高円寺《こうえんじ》を使うようになって以降、高円寺村と名前を変え、村の中心地も北へ移っていく。小沢の地名は字《あざ》としても残ったが昭和初期に消滅し、小沢川も１９６０年代半ばから70年代前半にかけて暗渠化された。

青梅街道からの水路

小沢川の暗渠は、水源の池よりも４００メートル北東、丸ノ内線新高円寺駅の近くの、青梅街道から五日市街道が分かれる交差点のそばから始まる（写真①）。真盛寺へと続くきわめて浅い窪地に、ほぼまっすぐに暗渠が続く（写真②）。

青梅街道より２００メートルほどの区間は、本来の水源よりも上流部に造られた人工的な水路と思われ

②暗渠の始まりは緑道として整備されており、案外人通りが多い。

①青梅街道と五日市街道の分岐点の側から、小沢川の暗渠が始まる。金太郎の車止めが出迎える。

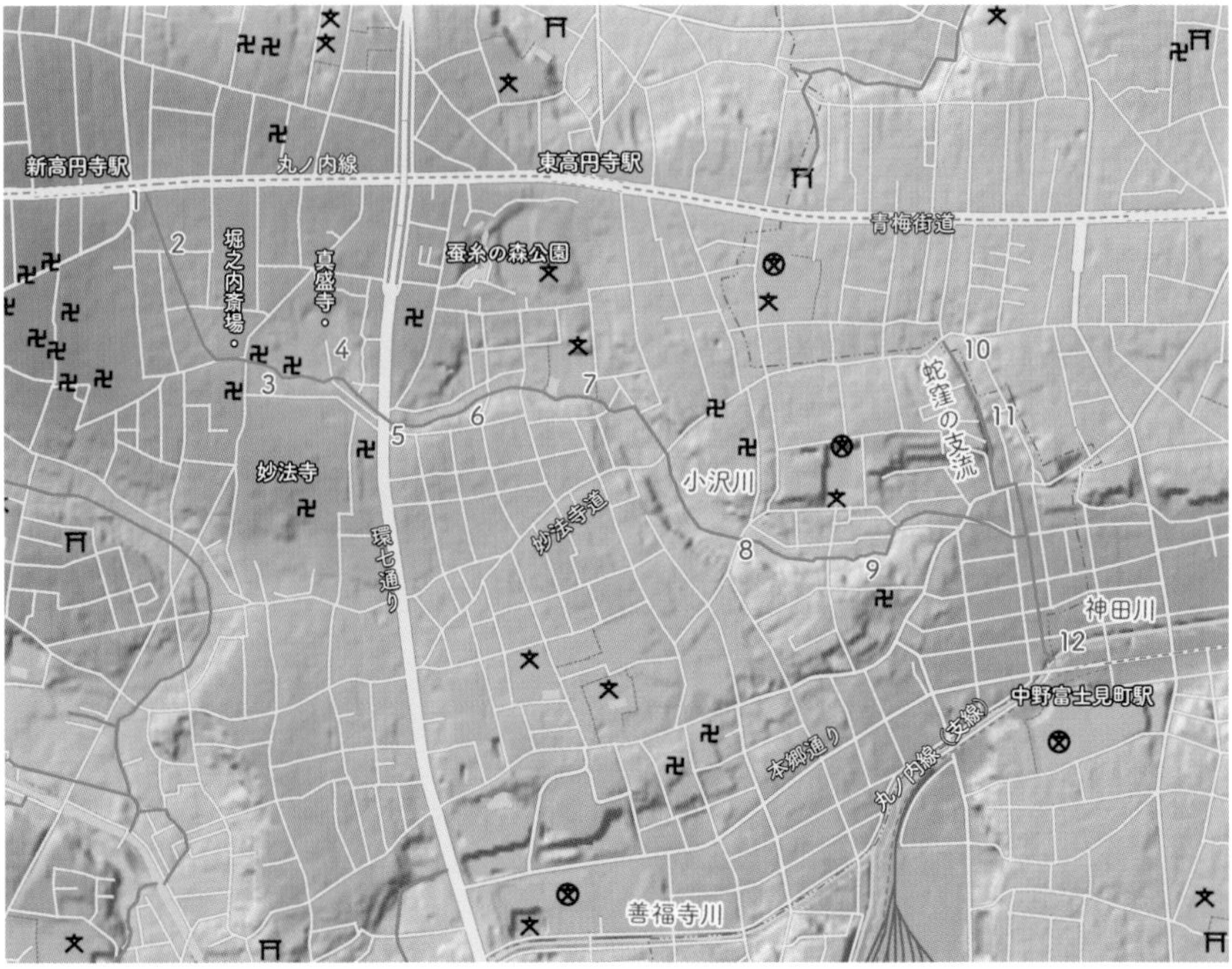

る。江戸期の絵には水路沿いに水田が描かれているので、おそらくその頃拓かれたものだろう。昭和初期に青梅街道が拡幅されるまで、街道沿いに幅1メートルほどの水路が流れ、小沢川に分水していたとの証言もあるという。その水源はわかっていないが、街道は尾根筋だから人工的な水路であろう。かつて青梅街道沿いには南阿佐ヶ谷駅付近まで、千川上水の分水「六ヶ《ろっか》村《そん》分水」が引かれていた。その余水が、非公式な形でここまで達していたことがあったのだろうか。

③寺院の裏手に、小沢川のコンクリート蓋暗渠がひっそりと残っている。

南南東へと向かっていた暗渠は、堀ノ内斎場の脇で向きを東に変え、真盛寺の面する丁字路に突き当たり、塀の向こうに姿を消す。塀はその部分だけ安普請《やすぶしん》となっていて、塀の先を覗くとコンクリート蓋掛けの暗渠が続いている（写真③）。

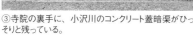

寺町と小沢の池

真盛寺とその南方にある妙法寺《みょうほうじ》に挟まれた一帯は、小規模な寺町になっている。妙法寺は江戸時代初期からこの地にあったが、真盛寺は1631年（寛永《かんえい》8）湯島に開創し、1922年（大正11）に移転してきた。三井財閥の三井家の菩提寺として有名で、「三井寺」とも呼ばれている。そして、二つの寺のあいだにあるいくつかの寺院も、大正初期から戦前にかけて都心部より移転してきた。

　青梅街道からの流れは真盛寺とこれらの寺院の境目をしばらく流れたのち、途中から真盛寺境内を横切り、小沢の池からの流れに合流していたようだ。流路はかつて杉並町と和田堀町の境界線となっており、杉並区に統合されてからも高円寺と堀ノ内の境目だった。しかし、1966年（昭和41）の住居表示施行で「梅里」という地名が生まれた際に、境界は南側に変更され、水路とは関係なくなってしまう。それはちょうど川が暗渠化された時期と重なっていた。

真盛寺の境内には小沢川の痕跡はないが、山門右手には、小沢川の水源だった「小沢の池」が今も放生《ほうじょう》池《ち》として残っている（写真④）。池は寺が移転してくる前からあり、寺の敷地になってからは「新《しん》鏡《かがみ》ヶ《が》池《いけ》」と名づけられた。かつては今の倍の大きさがあり、中島があって弁天堂が祀られていた。鬱蒼とした緑に囲まれ豊富な湧水量を誇っていたが、1960年代初めに涸渇した。池から流れ出ていた小沢川の暗渠は、現在は寺の参道の東側に隣接する梅里公園への道となっている。なお、環七通りから参道に入る付近にも、大正末期までは同じくらいの広さの湧水池があり、小沢川の水源となっていた。

④新鏡ヶ池。今では湧水は涸れ、循環水で水面を保っているようだ。奥には弁財天のお堂が見える。

環七の先の暗渠

真盛寺の門前を南北に横切る環七通りを越えると、小沢川の暗渠が再び現れる（写真⑤）。暗渠に続く階段を下りると、先ほどまでの寺町や、絶え間なく車の行き交う環七通りとは、まったく別の空気が漂う。暗渠化から50年経ってもなお、街の表面を覆う布の綻《ほころ》びから中を覗いているような、水の気配が感じられる独特の雰囲気は、小沢川の暗渠の「名所」の一つだ。

暗渠の路面はあちこちででこぼこしていて、苔や雑草が生えている。右岸側に続く擁壁も、年月を経た風合いがにじむもの、苔生したもの、崖上から下りる階段がつけられたもの、今にも崩れそうなものといった、暗渠らしい風景が続く（写真⑥⑦）。ただ、近年

⑤環七を越えた先の暗渠は、滅多に人が通らない静かな路地が続いている。

⑥擁壁から路上にかけて苔が広がり、路面と崖の隙間に雑草が伸びる。

⑦格子状の雨水桝、路上の苔、護岸の跡。奥には暗渠に降りる細い階段が見える。

では家の建て替えに合わせて擁壁が補修され、路面のアスファルトが敷き直されたりして、少しずつその雰囲気は失われつつある。

小沢の池から流れ出た小沢川は、和田3丁目と1丁目の境を通る妙法寺道付近まで、2本に分かれて並行して流れていた。そのあいだに「南八ツ田」と呼ばれる細長い水田が拓かれていた。八ツとは谷戸《やと》のことだろう。ここまでたどってきた暗渠は南側のほうの流路で、北側に並行して通る道がもう一つの水路跡だ。こちらは昭和初期に水田がなくなった時に埋め立てられており、暗渠らしさはみられない。

池が点在していた中下流部

暗渠は、高南《こうなん》中学校の先でいったんふつうの車道になるが、妙法寺道を越えると、車止めで仕切られた暗渠道がまた現れる。江戸中期に妙法寺が行楽地として賑わうようになると、往還の道沿いにはいくつか料亭が開かれた。小沢川と妙法寺道の交差する北西側の角

⑧和田中央公園との境目の大谷石の護岸は、最初はほぼ埋まっているが、最後には1メートル以上の高さになる。かつての川の勾配の名残だ。

⑨並行する道路と暗渠の境界線が車止めから高低差へと変わっていく面白い風景だ。

⑩蛇窪の暗渠の深部は行き止まりになっている。川跡は緑で鬱蒼としている。

⑪西側の擁壁の下には、土手の斜面が残っている。

にも、料亭梅本があり、川の水を庭園の池に引き込んでいたという。暗渠は静かな住宅街を抜けながらゆるやかに下っていく。和田中央公園付近には、かつて谷戸の池と呼ばれる湧水池があった。現在も緑が多く、池があった頃の雰囲気を偲ばせる（写真⑧）。

都営和田アパートの前は崖の下に見事な蛇行暗渠が続く。このあたりにも、いくつか池があったようだ。小沢川沿いはさぞかし水が豊富だったのだろうが、今では一つも残っていないのが残念だ（写真⑨）。十貫《じっかん》坂上《ざかうえ》からの道との交差地点から、小沢川の谷は神田川の谷につながり、周囲の見通しが開ける。暗渠は再び道路と一体化して姿を消すが、100メートルほど東へ進むと、道の南側に、まっすぐに延びる暗渠が現れる。ここで北側から下ってきた支流が合流している。

蛇窪の支流と神田川への合流

この支流は、蛇窪《へびくぼ》と呼ばれる谷筋に湧く水を集めた流れだった。谷の奥には大正時代まで池があったという。小沢川の流域はすべて杉並区内だが、蛇窪の支流の源流部だけは中野区との区界となっている。谷は真南を向いているため日当たりがよく、最深部は舗装もされていない。行き止まりのため入り込んでくる人もめったにおらず、住宅地にぽっかりと開けた、秘境のような空間となっている（写真⑩⑪）。今でも蛇が棲んでいそうな雰囲気だ。

暗渠は和田桜の坂公園の東側で谷から出ると、直線の路地となって、西から流れてきた小沢川本流へとつながっていく。アスファルトの路面を気をつけて見ると、水路の護岸の形が盛り上がって浮かび上がっている。この付近は1930年（昭和5）に始まった和田《わだ》堀町《ほりまち》第一土地区画整理事業の範囲内で、水路が直線化されているのも、その時の区画整理にともなうものだ。

蛇窪の支流をあわせた小沢川は、車止めで仕切られた暗渠となって南下していく。道端には鉢植えや植え込みが続き、アスファルトの隙間から雑草が伸びて、暗渠の景観に潤いを添えている。

200メートルほど進むと暗渠はカーブしていき、神田川の護岸に突き当たって終わる。引き返して、丸ノ内線中野富士見町駅のすぐ近く、神田川に架かる富士見橋から下流側を見てみると、左岸に小沢川の合流口を塞《ふさ》いだ四角い痕跡が残っている（写真⑫）。

小沢川の暗渠は、失われた水の気配を各所に感じられ趣が深い。短いながらも変化に富んでおり、山の手地区の小川がたどった変遷を体感できる、魅力的な暗渠だ。

⑫神田川の護岸に塞がれた暗渠の合流口の痕跡が見える。現在は富士見橋のたもとに替えられている。

7 三ヶ村用水——暗渠になった「拡散と収束の水路網」【府中市・調布市】

三ヶ村用水の概要

府中市東部を流れている「三ヶ村用水《さんかそん》」は、多摩川両岸などに分布する「拡散と収束の水路網」の一つだ。その名は小田分《おだぶん》（現府中市小柳町、押立町《おしたて》）、上染屋（現府中市白糸台、小柳町、押立町）、下染屋（現府中市白糸台、押立町）の三つの村の水田の灌漑用水だったことに由来する。開削時期は不明だが、江戸時代前期には開削されていたといわれている。用水網と水田は多摩川沿いの氾濫平野に広がっており、用水路の本流は府中用水や対岸の大丸《おおまる》用水と同様、多摩川の旧河道を利用していた。

かつては中河原の多摩川河川敷にあった伏流水の池から、多摩川本流に並行して流れる水路を引き、竹蛇籠を積み上げて是政の樋門まで導水し取水していた。蛇籠は通水期間の4月から9月まで設置され、それ以外の期間は撤去された。

樋門から数百メートル下流の地点では市川や新田《しんでん》川、雑田《ぞうだ》堀といった府中用水の流末の水が流入していた。そして現府中競馬場東側を流れる、府中用水妙光院下系統の余水も合わせた。これらにより水量は比較的多かったようだ。しかし、多摩川の旧河道を利用した用水路だったことから河床が砂利で、水が地下に滲み込みやすかった。このため流末まで十分に水が行き渡らないことが多かったという。貴重な水を公平に分けるため、流域では各地に設けた堰枠《せきわく》で水量調節を図り、地域ごとに区切って順番に水を流す「番水制《ばんみず》」も実施されていた。

水路網は給水域に入ると次々に枝分かれし、現在の府中市から調布市へと入ったところで再び一つにまとまり、根堀川を経由して多摩川に水を戻していた。現在はほとんどが暗渠となっているが、一部は今なお農業用水として機能しており、何箇所かに水田が残っている。暗渠の始まりから主な水路をたどってみよう。

多摩川から小田分まで

西武多摩川線の終点、是政駅から西500メートルほどの多摩川の土手に立つと、多摩川通りから北東に離れていく道沿いに、少し低くなった緑道が続いている。これが三ヶ村用水の暗渠だ（写真①）。

①三ヶ村用水暗渠の緑道の始まり。奥にJR武蔵野線の高架が見える。

武蔵野線の鉄橋をくぐってしばらく行くと、

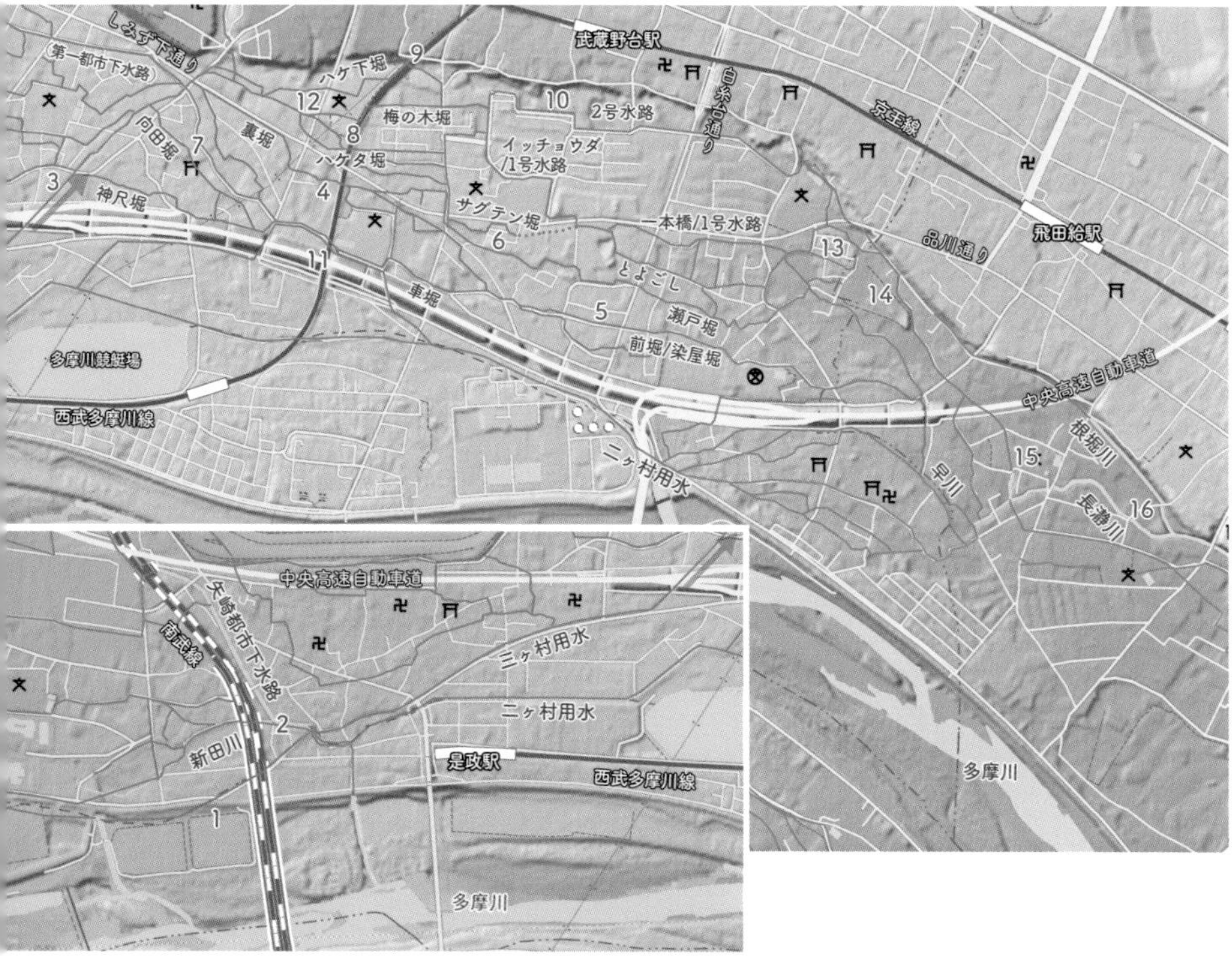

③中央自動車道を越えた先の三ヶ村緑道。静かな住宅地を進んでいく。

②極楽橋跡付近。右手前から左奥が三ヶ村用水の緑道、中央から右寄り奥へ続く緑道が二ヶ村用水の跡、突起状の構造物から右に続く舗装道が矢崎都市下水路の暗渠。

④裏堀の暗渠。両側の水田に水を運んでいる。

⑤コープ野村府中武蔵野台の敷地を通る前堀〜染屋堀の水路。流域の水田がなくなったため水は流れなくなっている。

極楽橋跡に出る。ここでは1960年代半ばまで府中用水の市川と新田川が合流し、さらに二ヶ村用水が分岐していた。二ヶ村用水は三ヶ村用水の南側、常久《つねひさ》と押立の2村で利用された灌漑用水だ。市川の流れは1966年に府中市の雨水排水路「矢崎都市下水路」に転用され、極楽橋の場所に設けられた「矢崎都市下水路スクリーン施設」から三ヶ村用水を暗渠でくぐって多摩川につながる形に変えられた。後に新田川も暗渠となり、二ヶ村用水も分岐地点を東寄りに付け替えられたうえ、暗渠になった（写真②）。

緑道は、府中街道の是政交番前交差点（亀里橋跡）で右手に二ヶ村用水の緑道を分け、車道沿いの幅の広い歩道となる。路上には等間隔で車止めが並び、暗渠であることがわかる。600メートルほど進むと左手に「三ヶ村遊歩道」として分かれ、再び緑道となって中央高速をくぐる（写真③）。

しみず下通りと交差する付近で「三ヶ村」のエリアに入ると、水路は何本にも枝分かれしていく。水路の「拡散」だ。北寄りの裏堀（写真④）〜サグテン堀〜

⑦向田堀の暗渠沿いに残る水田。手前にあるポンプ小屋からの水が流れる。

⑥瀬戸堀の暗渠。一部はなぜか三御殿堀緑道として整備され、用水の水を引き入れた親水施設も造られているが、現在水が流れなくなったため雑草に埋もれている。

⑨ハケ下堀を西武多摩川線が越えるアーチ橋梁。1919年にこの区間が開業した当時からのものと思われる。

⑧ハケタ堀を西武多摩川線が越える橋梁。おとなが通り抜けるのは困難だ。

とよごし（現在は分断）と、南寄りの前堀～染屋堀（写真⑤）、それらのあいだを流れる瀬戸堀（写真⑥）の3本が主なルートとなっていて、いずれも東に向かっている。そのほか、神尺堀、向田堀（写真⑦）、ハケタ堀（写真⑧）、梅の木堀、ハケ下堀（写真⑨）といった水路が分岐していく。いずれも幅1メートル前後の細い水路で、多くは蓋掛けされて暗渠になっている。

なお、この付近では現在の府中競馬場付近を流れていた、妙光院下系統の府中用水の水路が合流しており、暗渠が複雑に絡み合っている。

小田分・上染屋・下染屋の三ヶ村と車返

用水を利用していた三つの村は、いずれも台地と低地に跨り南北に細長く広がっていた。上染屋、下染屋は台地の上の甲州街道沿いに集落があり、用水沿いの低地に通って稲作をしていた。また小田分は低地の自然堤防上に集落があったが、台地上にも畑や薪用の山林が広がっていた。そして、これらの村の低地と台地の部分のあいだには車返《くるまがえし》村の水田が挟まっていたため、どの村も台地と低地が飛地の関係になっていた。

1889年（明治22年）の町村制施行時に、三つの村は常久村、押立村、車返村、人見村、是政村と合併して多磨《たま》村となり、これ以降三ヶ村用水は「上染屋外二ヶ字用水」とも呼ばれた。

1953年に、三ヶ村用水組合は多磨土地改良区に改編される。発足当時の水田は53・2ヘクタール、組合員は180人で、管理下に置かれた用水路は104本、のべ19・3キロにわたっていた。拡散と収束の水路網の規模がよくわかるデータだ。なお、翌年に多磨村は府中町・西府村と合併し府中市となっている。

車返の湧水の水路

三ヶ村用水の流域の水田はすべて二毛作田で、稲作を行っていない時期は麦や蔬菜が栽培されていた。一方、三つの村に隣接した車返村の水田は、府中崖線の直下に広がっていたため、用水ではなく崖線から湧き出す豊富な湧水を利用していた。中堀、庚申堀、釜段《かまだん》堀、しめし堀といった水路が崖線から流れ出し、水田を潤した。水源近くにはわさび田も営まれ、流末は三ヶ村用水のサグデン堀～とよごしに合流していた。

しかし、水温が低かったため、稲の育ちはあまり良好ではなく、二毛作もできなかったという。このためもあって、1966年、車返の水田は団地の建設用地として住宅公団に売り払われることになる。ただ、工事は一向に着手されず、数年にわたって放置された。その結果、雑草が生い茂って雀やウンカが大繁殖し、周囲の水田に被害を及ぼすこととなる。1970年には土地改良区による駆除が行われ、住宅公団に費用が請求されている。

水路の統合——1号水路と2号水路

1971年にようやく車返団地が着工されると、水田を巡っていた水路網は埋め立てられて、団地の敷地の南北を迂回する2本の水路に付け替えられる。団地の南側には全長１３６０メートルの１号水路が開削された。こちらは三ヶ村用水梅の木堀の余水を受け、上流はイッチョウダ、中流は一本橋、下流はとよごしという三つの水路を部分的に転用しながら造られた水路だった。北側に開削された１０３６メートルの２号水路は、崖線下の湧水の水路を一つにまとめたものといえる（写真⑩）。水田の跡地は中層の分譲棟と高層の賃貸棟からなる計６０２戸の大規模な団地となり、１９７９年に供用が開始された。

⑩車返団地の北側を流れる2号水路の暗渠。

水路の変質

車返団地着工と前後する時期、三ヶ村用水を管理する多磨土地改良区には、排水放流の許可申請が相次いだ。用水路の多くが排水路に変化していったことがうかがわれる。そして、南寄りのメインルートである車堀の一部は、雨水を多摩川に直接放流し洪水を防ぐための「都市下水路」に転用されることになる。府中用水妙光院下系統のルートの一つ、根岸川と合わせて、延長２３８０メートルの「第一都市下水路」が１９７２年に完成している（写真⑪）。この水路は全区間が暗渠で、中央自動車道稲城インターチェンジの南側で多摩川に注いでいる。

⑪奥から手前に西武多摩川線をくぐって流れる第一都市下水路。大部分が車道になっている中、この区間だけ幅広の蓋掛け暗渠が残る。

三ヶ村用水のポンプ井戸

このように1960年代後半以降、用水路は市街地化や工場の進出により水質が悪化し、また水田も減少していく。虫食い状の宅地化によって水田が分散して残っていったため、用水路の維持管理もままならなくなった。この対策として、枝分かれした分流の水路沿いそれぞれに計12箇所のポンプ小屋を設け、70〜120メートルの深井戸から地下水を揚水して水路に流すという対策が講じられた。これらの井戸には団地や工場建設の補償として掘られたものもあった（写真⑫）。

⑫小田分のポンプ小屋。奥から手前に流れるハケタ堀、右手に分かれる梅の木堀の双方に、ポンプアップした地下水が流れる。

これにより田植え時を中心に必要なタイミングでポンプを稼働させ、そのときだけ用水にきれいな水を流すことが可能になった。地下水は用水を流れてくる水よりもはるかに綺麗で、飲用に汲んでいく人もいたという。1980年代に入ると下水道の普及により用水路の水質は改善されたが、その頃には水田も少なくなり、三ヶ村用水全体に水が流れることはなくなった。

現在の三ヶ村用水

水田が減少した結果、三ヶ村用水では1980年には土地改良区としての運営をやめ、多磨用水組合として水路を管理していくこととなる。1982年時点では受水面積15・2ヘクタール、組合員76人に、そして2020年にはわずか1・7ヘクタール、組合員数は18人となっている。

2023年現在、水田が残るのは7箇所ほどで、田植えの時期になると、それぞれの水田につながる用水沿いのポンプが稼働し、暗渠の水路を地下水が流れる。

⑬１号水路（とよごし）の暗渠。水田に水を供給するための浅い水路が並行しているが、すでに水は流れておらず、ところどころ破損している。

水田が徐々に減っていったためか、水が流れなくなった用水路も暗渠でそのまま残っている。

これらをたどっていくと、水田が広がり水が流れていた頃と同様に、分かれていた暗渠は再び合流してまとまっていく。北寄りのとよごしの水路は、1号水路、2号水路と合流（写真⑭）、調布市に入って長瀞川《ながとろかわ》に名前を変える（写真⑮）。中央の瀬戸堀と南寄りの染屋堀も一つにまとまり、二ヶ村用水押立堀の流末と合わせて早川となって、長瀞川に合流する。そして長瀞

⑭１号水路と２号水路を合わせ、長瀞川に続く暗渠。この手前から調布市内に入っている。

⑮長瀞川の開渠。現在暗渠区間（写真⑭）の水は別ルートで根堀川に直接つながれているため、ふだんは水が流れていない。

⑯長瀞川と根堀川の合流地点。根堀川には水が流れる。

川は府中崖線下を流れる根堀川に合流し、ここで流れは1本に収束する（写真⑯）。

根堀川は、飛田給《とびたきゅう》の府中崖線下の湧水を集めていた川で、染地2丁目の調布排水樋管で多摩川に合流している、なお、現在はなぜか府中用水とも呼ばれているが、本来の府中用水とはまったく関係がない。

三ヶ村用水より西側の府中用水や日野用水、昭和用水といった水路網は、今でも現役の灌漑用水で、開渠区間も多く残っている。三ヶ村用水は、これらとは対照的に、ほとんどが暗渠となっていて、水田も残りわずかだ。それでも多くの水路が通水可能な状態で残り、汲み上げポンプのいくつかはなお現役で、何とか拡散と収束の水路網をそのまま維持している。車返団地を取り囲む1号水路と2号水路も、全区間が蓋掛けの暗渠となって残っている。

三ヶ村用水をたどることで、郊外の田園風景が市街地へと変わり、それにつれて水路網が暗渠化されていった過程を知ることができるだろう。ただ、水田がすべて消滅したとき、暗渠として残るこれらの水路網は姿を消してしまうのかもしれない。

第3部
景観からひもとく空間と時間

1 暗渠に残る川の記憶と暗渠スケープ
――失われた空間と時間への手がかり

川の記憶

第2部で見てきたように、東京を流れる川は、その多くが、暗渠化されて姿を消してしまった。これらの多くは「機能としての暗渠」になってはいるものの、そこには本来の川の水ではなく下水道が流れているものがほとんどだ。

渋谷川や目黒川といった、途中から開渠になって水が流れ出しているように見える川も、暗渠を流れる下水は開渠になる手前で別の下水幹線へ逸れ、入れ替わりに、ほかから導水された高度処理水が流されている。

そして、小さな川の暗渠では、下水化された地下の流れが途中で分断され、途切れ途切れになっていることも少なくない。また、埋め立てられ、地下には何も残っていないところもある。このように、東京の暗渠は、川としての実体は失われてしまったものが大半を占めている。

一方で、本書における暗渠の捉え方、つまり「景観としての暗渠」から見ると、川だった頃の痕跡は輪郭のように残っている。そこには水が流れていた頃の記憶が淀んでいる。

人々は川とかかわっていく中で、それぞれの歴史や生活をかたちづくってきた。人間は水がなければ生きていけないが、荒れ狂う水は災害を起こし、ときには死をもたらす。この相反する水の性質に向かい合い、水辺と地形を選び取り制御しながら、人々は集落を形成し、神を祀り、農業を営み、産業や経済を発展させ、そして日々の生活を営んできた。水と地形こそが、土地の歴史や人々の生活をかたちづくってきたのだ。

これは、大河のみならず、暗渠になってしまったような中小河川でも同じだ。それぞれの川には、それぞれの川沿いに暮らしてきた人と川とのかかわりあいの記憶がある。川の暗渠化によって、それらは蓋をされ、覆い隠されてしまった。けれども、残された川の痕跡をたどれば、そこに刻まれた地形や風景、川の記憶を垣間見ることができる。

暗渠スケープ

この川の記憶をひもとく手がかりとなる、残された痕跡は、特徴的な景観として現れる。例えば橋跡や車止め、細く曲がりくねって先の見通せない路地といったものが代表的だ。暗渠愛好家の間では、これらを〝そこが川であったことを示す目印となるもの〟として「暗渠サイン」という言葉で呼んできた。ただ、中には必ずしも明確な因果関係があるわけではないものも少なくないし、それがあるからといって暗渠だとは限らないものが大半だ。

とはいえ、これはいかにも暗渠だ、という景観は確かに存在する。このような〝暗渠特有の景観〟や〝それを構成する要素〟を「暗渠スケープ」(暗渠＋ランドスケープ)と呼んでみることにしよう。

二つの軸——時間と形態

暗渠スケープは二つの軸から捉えることができる。一つはそれがどのタイミングで成り立ったかという軸。つまり、暗渠になる前に成り立っていた景観なのか、暗渠になったことで生まれたり、暗渠になった後に成り立っていった景観かという違いの軸だ。

川が暗渠になる前に形成されたものとしては、自然の力が生み出した地形や景観、人が川にかかわっていく中で整えられたり造られたもの、そして暗渠になる直前の川の様子があげられる。これらはいわばかつての川の輪郭が残ったものといえよう。

川が暗渠になった後に形成されたものとしては、暗渠にする際のやり方や、暗渠化によってできたスペースの利用のされ方、そして暗渠化後の時の流れの中での変遷があげられる。これらは暗渠そのものの景観といってもよいだろう。

もう一つの軸はそれがどのようなもので、どのように見えるかという形態の軸だ。構造物や設備、施設といった具体的なモノから、インフラや環境、地理空間まで、さまざまなグラデーションをともなった軸といえる。

この二軸の観点で暗渠スケープを分類すると、図1のようになる。主だったものをいくつか見てみよう。

暗渠化前に形成された暗渠スケープ

【橋】は、暗渠になる前に形成された暗渠スケープのうち、構造物の代表例だ。橋がまるごと残っていることもあれば、親柱や欄干、床版といった遺構が部分的に残されている場合もある。川だった頃そこを行き来

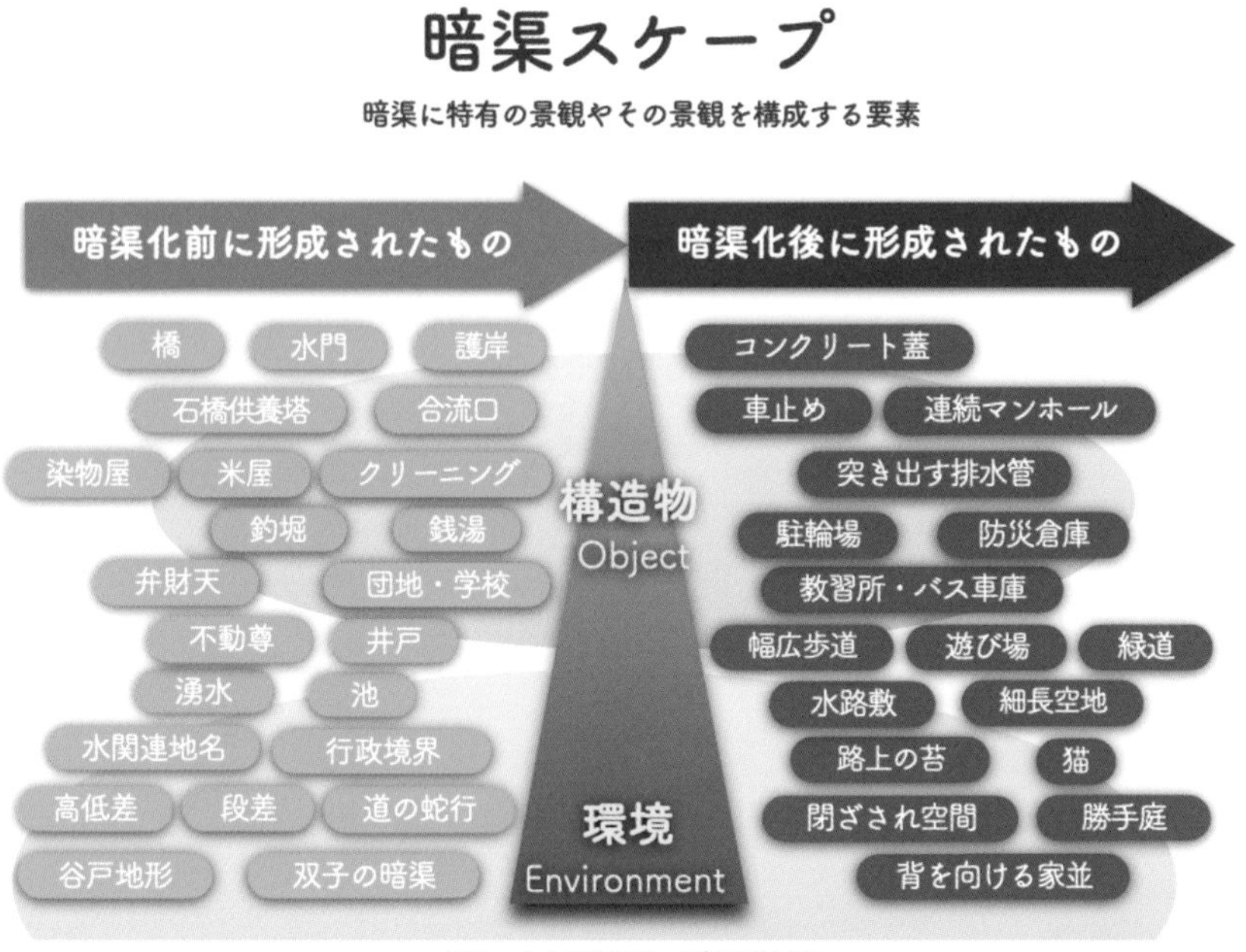

図1　主な暗渠スケープの要素図

した人たちを偲ばせるとともに、川がなくなってもなお、人々が渡っていくのは趣深い。

【護岸】が擁壁の下部や路面近くに残っていることもある。橋跡よりはやや明確さには欠けるが、人が水を制御していった記憶を残しているといえる。

【道の蛇行】や【高低差】といった地形的な暗渠スケープも、暗渠になる前に形成されたものだ。川の蛇行がそのまま暗渠に形を留めていることは多いし、暗渠を挟んで向かい合う階段や坂は、川が流れていた谷や窪地の場所を示している。

川の水源の【池】や【湧水】といった環境的な暗渠スケープが残っていることもある。公園や庭園として保持されてきた場所だけではなく、ごくふつうの街の片隅に、ひっそりと湧水が残っていることもある。かつて川に流れ込み、人々が利用していた水が、今もなお存在している証だ。

環境的な暗渠スケープの例としては【水関連地名】もあげられるだろう。「谷」「沢」「井」「窪」「久保」「谷

①【橋】玉川上水の相生橋（渋谷区）

②【橋】上下之割用水宿裏堀の金阿弥橋（葛飾区）

③【護岸】立会川支流（品川区）

④【道の蛇行】水窪川（文京区）

⑤【高低差】古川白金三光町支流（港区）

⑥【池】宇田川源流の池（渋谷区）

⑦【湧水】宇田川初台支流に残る湧水（渋谷区）

⑧【コンクリート蓋】和泉貴船神社からの小川（杉並区）

戸」「弦・鶴」といった地名は、谷や低地、水を示しており、暗渠のそばでよくみられる。なくなった地名が町内会や学校、公共施設の名称に、また交差点に橋の名前として、残っていることもある。

暗渠化後に形成された暗渠スケープ

暗渠化後に形成された、構造物の暗渠スケープとしては、まず【コンクリート蓋】があげられる。コンクリートの板などで蓋がされ覆われた水路は、間違いなく暗渠だとわかる景観だ。

また【車止め】も暗渠化後の構造物の代表的だろう。路地の入り口の鉄パイプ1本のシンプルなものから、コンクリートや石造りのものがいくつも並ぶようなものまで、様々なバリエーションが見られる。本来は重量のある車両が通ることで暗渠の底が抜けてしまうことを防ぐために設けられているが、人がようやくすれ違えるくらいの細い暗渠路地にも、よく設置されている。

細い暗渠路地には【連続マンホール】の景観もしばし見られる。これは正確には汚水桝の蓋だ。暗渠化によって、家々が密集した場所の水路が下水道に転用されたような場合、川沿いのそれぞれの建物の排水管と下水をつなぐ個所に汚水桝が設けられ、メンテナンス用の蓋がつけられる。その蓋の連なりが、特異な暗渠スケープをつくりだしている。

環境的な暗渠スケープとしては【背を向ける家並み】があげられるだろう。暗渠沿いの家々の正面は、川ではない方に向けられていることがある。これは川だった頃に家が建てられている場合に多い。暗渠沿いには塀が連なっていたり、台所の窓が面していたりする。

施設や設備のものとしては【駐輪場】【防災倉庫】や【緑道】【遊び場】といった暗渠スケープが見られる。いずれも細長い暗渠の空間を有効活用するうえで成り立った暗渠スケープだ。道路沿いの水路が暗渠になることでできた【幅広歩道】も、暗渠の活用が生み出し

⑨【車止め】小沢川の車止め（杉並区）

⑩【連続マンホール】品川用水分流（品川区）

⑪【突き出す排水管】烏山川（世田谷区）

⑫【背を向ける家並み】貫井川（練馬区）

⑬【駐輪場】蛇崩川（目黒区）

⑭【緑道】谷戸前川（目黒区）

た暗渠スケープの一つといえる。

暗渠スケープの重層性

これらの「暗渠スケープ」は、単体で見られることもあるが、多くの場合はいくつかの要素が混じりあって一つの暗渠スケープとしての景観をなしている。そこには、川が暗渠化された時期や、その時の川沿いの様子、そして暗渠になってからの時間の経過が重層的に表れている。

例えば、【弁財天】は、川が生活のインプット元だった頃の記憶を残す暗渠スケープだ。弁財天は水の湧く場所に祀られることが多い。暗渠の近くでしばしば見かける弁財天は、川やそこに注ぐ湧水が灌漑用水や飲用水として大切に扱われていた頃の痕跡といえる。【（水垢離場跡の）不動尊像】、橋の安全を祈願した【石橋供養塔】なども同様の暗渠スケープだ。

一方で、川がアウトプット先に変質していた時代には別の暗渠スケープが景観に刻まれている。例えば【銭

⑮【遊び場】渋谷川暗渠の公園（渋谷区）

湯】だ。銭湯は市街地の拡大にともなって増えていったが、排水先を確保するため川沿いにできることが多かった。その当時に開業した銭湯が、今でも暗渠沿いに立地している。暗渠沿いで時折見かける製餡所も、製造過程で大量に使う水の排出先確保による立地だったという。

暗渠沿いに細長く連なって続く【団地】も、川とのかかわりが変質したことによる暗渠スケープだ。川沿いに連なっていた谷戸田の敷地を団地に転用したこと

⑯【緑道】上下之割用水分流（葛飾区）

⑰【幅広歩道】六郷用水子の神堀（大田区）

⑱【銭湯】桃園川暗渠脇の銭湯玉の湯（杉並区）

⑳【石橋供養塔】府中用水市川暗渠脇の石橋供養塔（府中市）

⑲【弁財天】烏山川源流の弁天池（世田谷区）

㉒【路上の苔】谷端川支流（豊島区）

㉑【勝手庭】原宿村分水暗渠。鉢植えや椅子、テーブルが置かれている。（渋谷区）

によるもので、田んぼに水を供給していた川は、団地の排水を流す川へと役割を変えたことになる。

暗渠化後の暗渠スケープも時間とともにその景観は変化していく。例えば、市街地に囲まれたコンクリートの蓋掛け暗渠は、時が経つと埋め立てられたりアスファルトで覆われていく場合が多い。また、細い暗渠は周囲の家々が建て替わるタイミングで、道幅を確保するためセットバックしていく。その結果、暗渠の幅は川だった頃よりも広くなり、川の輪郭がなくなっていくことになる。この際に、背を向けていた家々が暗渠側に玄関や出入り口を設けることも多い。

このように暗渠スケープには、川が暗渠になるに至る、人と川とのかかわり方の変遷や、さらに暗渠になってからの時間経過にともなう変化までもが刻まれている。

暗渠スケープと空間、時間、川の記憶

暗渠スケープは、景観として現れた水の痕跡だ。暗渠スケープにまなざしを向けることで、その背後に潜んで今は見えなくなっている、失われた水の空間のつながりと広がり、そして人と水とのかかわりがそこに積み重ねてきた時間の奥行きが見えてくる。

これらの手がかりをもとに暗渠をたどり、そこに刻まれた地形や風景、土地の記憶を垣間見ること。そしてさらに、暗渠上にあるこれらの手がかりをもとに、川にまつわる記録を探り出し、それらを携えて、再び暗渠の路上に立ち戻り、たどること。ときには暗渠沿いに暮らす人から、暗渠になる前の思い出を聞けることもあるだろう。このようなプロセスを経ることで、暗渠に潜む川の記憶は、重層的に呼び起こされてくる。本章では以下、川にまつわる記憶を軸に、いくつかのエリアを見ていくことにしよう。

2 神田川支流（玉川上水幡ヶ谷分水）――今なお架かる数々の橋【新宿区・渋谷区・杉並区】

「神田川支流（玉川上水幡《はた》ヶ《が》谷《や》分水）」は、杉並区和泉2丁目付近にその流れを発し、渋谷区笹塚、幡ヶ谷、本町を経由して新宿区西新宿5丁目で神田川に注いでいた川だ。川が流れていた浅い谷は、淀《よど》橋《ばし》台と豊《と》島《しま》台という二つの台地の境目となっている。南側の淀橋台は、より古い時期に形成されたため、いくつもの谷が刻まれており、それらから神田川支流に支流が注ぎ込んでいた。そして淀橋台の最も高いところには玉川上水が通っていて、その南側は渋谷川の水系となっている。

川の流域のほとんどはかつての幡ヶ谷村で、川沿いには水田が広がっていた。川の水が少なかったため、1775年（安永4）には、源流付近で玉川上水から分水を引き入れることとなる。これ以降、分水が停止される大正末頃まで、川は「玉川上水幡ヶ谷分水」と呼ばれるようになった（幡ヶ谷村から角筈村に入った最下流部では、「砂《じゃ》利《り》場《ば》川」とも呼んでいた）。

昭和に入って川の役割が灌漑用水から排水路に変わると、幡ヶ谷分水と呼ばれることはなくなり、新宿区内では「幡ヶ谷川」と呼ばれたり、渋谷区内では行政の管理上「神田川支流」という味気ない名前で扱われていく。そして1960年代後半に川は暗渠となり、水路は下水道に転用された。かつての水面は現在、遊歩道や路地となっている。

なお、近年では、戦前の『中野区史』の挿図を典拠として、杉並区和泉の地名をとり「和泉《いずみ》川」と呼ぶ場合もある。しかし和泉にはいくつかある源流の一つの、ごく一部の区間しか流れていない。おそらく区史の著者が便宜的に名づけたもので、実際に使われていた呼び名ではなかっただろう。

この「神田川支流」は23区内でも特に、東京らしい趣のある暗渠といえる。なぜなら、その景観の中には東京の街の移り変わりと、それに応じて変わっていった川の記憶が凝縮されているからだ。

主に中流から下流にかけては数多くの橋跡が残っており、その規模は都区内有数だ。それらが架けられた時期も、関東大震災直後から暗渠化直前の１９５０年代まで幅広い。また、暗渠化後に橋が架け替えられているケースもある。ほとんどがモニュメント状のものだが、中にはしっかりと欄干まで造られているものもあり、暗渠の景観に彩りを添える。これらを巡りつつ、川を下流から遡ってみよう。

時を超え生き残る橋「ゆでめん」そして「タンポポ」

神田川の右岸側、新宿区西新宿5―20付近の護岸に、ぽっかりと矩形《くけい》の巨大な穴が空いている。これが神田川支流の合流口だ（写真①）。流路は暗渠化時に「十二社《じゅうにそう》幹線」と呼ばれる下水道に転用されており、

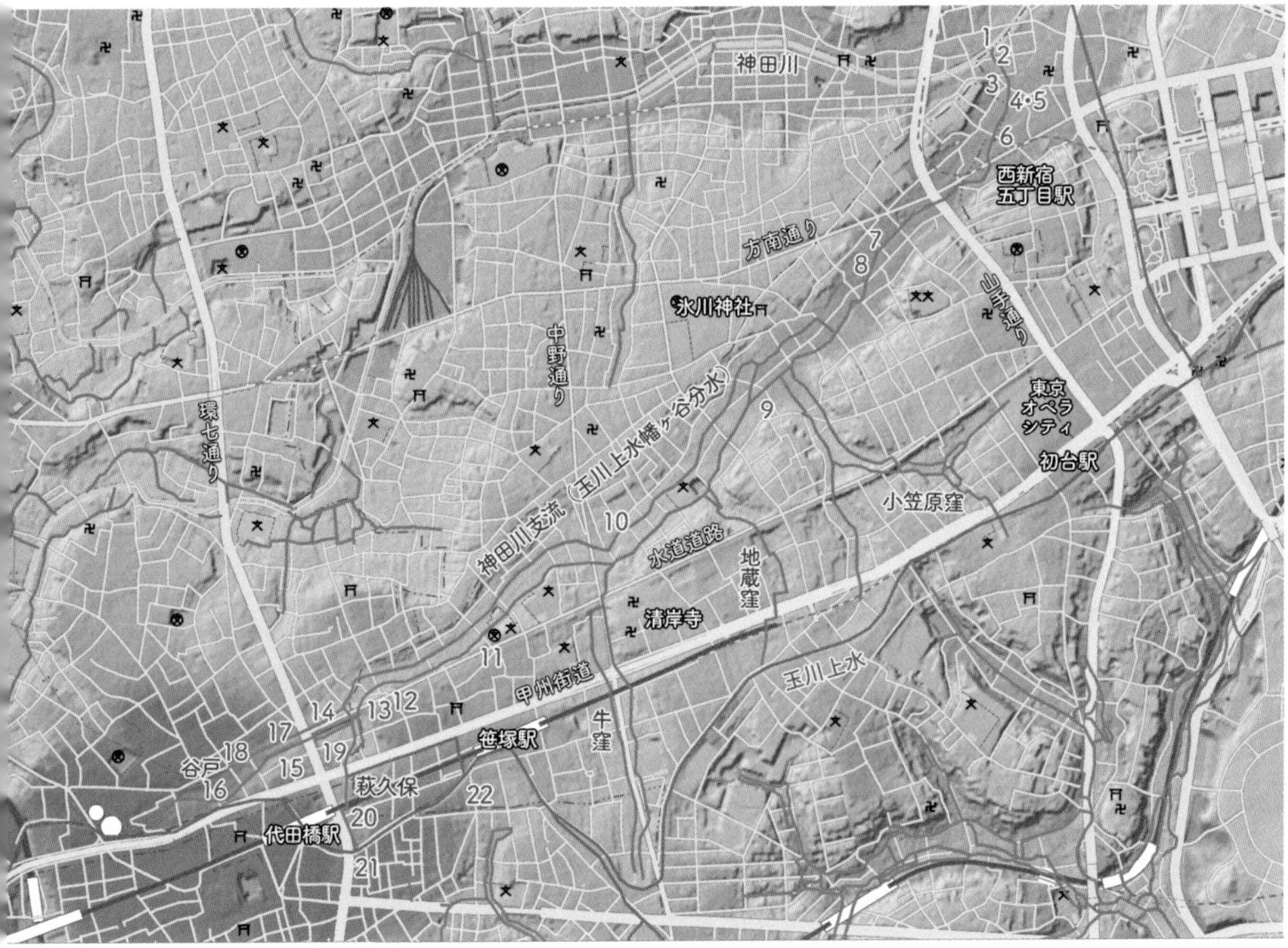

合流口の手前で暗渠から分かれて別の下水幹線へと接続されている。

合流口の真上から、遊歩道となった暗渠が南へと続いている（写真②）。そして道路が横切る地点にさっそく橋跡が登場する。最初に交差する長町第二号橋は床版だけになっているが、次の長町第一号橋は戦前の欄干が姿を留めている（写真③）。橋跡は戦後架けられた羽衣橋、そして1932年（昭和7）竣工の柳橋と続く（写真④）。

柳橋の通りには、鄙びた商店が並び、すぐ近くの副都心超高層ビル群とは対照的な景観をかたちづくる。1970年代初頭まで橋のたもとにあったゆでめん屋「風間商店」は、「日本語のロック」のオリジネーター「はっぴいえんど」の1stアルバムでジャケットに描かれた（写真⑤）。麺を茹でた水は暗渠に流されていたのだろうか。

合流口から柳橋にかけての暗渠上は、数年前までは遊具の置かれた児童遊園となっていた。伊丹十三監督の映画『タンポポ』（1985年公開）の印象的なシーンがここで撮影されている。神田川支流の暗渠ではほかに、柳橋でドラマ『太陽にほえろ！』（第258話「愛の追憶」（1977年））が、幡ヶ谷の新道橋付近で映画「竜二」（1983年、川島透監督）が、さらに、上流の暗渠沿いでドラマ版『探偵物語』が撮影されている。いずれもどこか映像的に惹きつけられる場所だったのだろう。

柳橋の次の榎《えのき》橋は、神田川支流に残る橋の中で最も古い橋だ（写真⑥）。関東大震災からわずか半年後の1924年（大正13）3月竣工と、震災復興の過程で架けられた。その後、周囲の風景が激変し、橋の下の水面が失くなり、欄干をぶっつりと切断されながらも、橋は都心の片隅にひっそりと生き残った。99年が経った今でも毎日多くの人が、橋だと気づかぬまま渡っていく。

架け替えられる橋、川の記憶、地形の記憶

新宿区内では古い橋跡と遊歩道が続いたが、方南通

②合流口の真上。ここから暗渠が始まる。新宿区内は自転車歩行車道となっている。

①神田川への合流口。現在では、大雨で暗渠（下水）がオーバーフローした時だけ水が流れ出てくる。

③長町第一号橋は 1938 年に架けられた橋だ。昭和初期までの地名「長町」が橋の名前に残されている。

⑤はっぴいえんどの通称「ゆでめん」（1970）のジャケット。右下の貼紙の「池の下熊」は十二社池の下の熊野神社。「交和通」は方南通りの西新宿付近での呼称。その左側に見える「成子映劇」は近くの成子坂下に戦前からあった映画館の名前だ。

④ 1932 年竣工の柳橋。シャッターを下ろした商店街、そびえ立つ都庁。いくつもの時代が交錯する。

⑥切断されながらも残る榎橋。橋が架けられてからほぼ 100 年、川が暗渠化されてからはすでに 50 年以上の歳月が経っている。

りを越えて渋谷区内へ入ると、景観が変化していく。大江戸線の西新宿5丁目駅付近では、暗渠が駐輪場になっている。暗渠の空間利用として、しばしば見られるパターンだ。そして渋谷区では、暗渠にかかる橋の〝架け替え〟が進んでいる。例えば山手通りと方南通りの交差点名で知られる清水橋は、戦前に架けられた橋は撤去されて、代わりに橋の形のモニュメントが造られている。その先の弁天橋は、周囲の風景とは不釣り合いなほど立派な橋に架け替えられている（写真⑦）。

暗渠上の橋は、意図的に保存されてきたわけではなく、偶然の積み重ねで残っているに過ぎない。今残っている橋も、いつか架け替えられたり、なくなってしまうことを思うと、記録し記憶していくことの大切さを実感する（写真⑧⑨）。

一方で、橋などの構造物に比べると、地形の記憶は長く留まっていく。暗渠を進んでいくと、ケースに納められた土嚢が各所に見られる。暗渠化後も谷筋の地形はそのまま残り、雨が降ると水が集まってくるからだ。

本町《ほんまち》学園グラウンドを過ぎると地蔵橋の橋跡がある。そのたもとには、数年前まで「酒呑地蔵」があった（現在は笹塚の清岸寺《せいがんじ》に移転）。地蔵が建てられた由来として、以下のようなエピソードが伝わっている。江戸中期、村に移り住んだ青年の勤勉さに感心した村人たちが、正月に彼をごちそうに招く。ところが飲み慣れない酒を呑んだ彼は、川に落ちて溺死してしまった。村人の夢枕に現れた彼の懇願により、二度と酒の犠牲者が出ぬようこの地蔵が建てられたというのだ。川をめぐる記憶の一つが、地蔵になって今に残っているのは興味深い。

そして、地蔵橋付近から上流には、これまでたどってきた暗渠の北側に数十〜百メートルほど離れて並行する、もう一つの細い暗渠が現れる（写真⑩）。谷戸の低地に残る双子の暗渠だ。この双子の暗渠に挟まれた土地にも、他地域と同様に「本村田んぼ」「幡ヶ谷田んぼ」と呼ばれる水田があった。こちらは土地利用の記憶が暗渠に刻まれているといえよう。

六号通りを越えしばらくすると、暗渠は車道に組み

⑦弁天橋。2003年に架け替えられている。暗渠となっても地形は残り大雨の時は水が集まるので、土嚢入れが設置されている。

⑧村木橋は1955年（昭和30年）の竣工。神田川支流の暗渠で唯一、欄干が完全に残っている橋。

⑨本町桜橋。欄干が車止めになるなど改造されてはいるが、1929年（昭和4年）に架けられた古い橋だ。

⑩メインの暗渠の北側に並行する、双子暗渠。昭和4年（1929）竣工の神橋の親柱が残っている。

込まれ、ここまで続いてきた橋跡も姿を消す。川の流路を継承して蛇行する道を進み、中野通りを越えると、再び細い路地となった暗渠が現れる。路地のカーブに残る蛇行のフォルムはよりはっきりとし、かつての流路の姿を彷彿させる（写真⑪）。くねくねと曲がる路地を歩いていくと、そこに水面がなくとも川をたどっていることが実感できる。

玉川上水新水路

⑪暗渠の蛇行の曲がり具合はまるでそこに水が流れているかのようなフォルムを見せる。

上流部の暗渠の南側には数メートルの高低差があって擁壁や斜面が続いている。その上にはかつて「玉川上水新水路」が通っていた。旧来の玉川上水は、神田川水系と渋谷川水系、北沢川水系の刻む谷を巧みに避けて、分水嶺を縫うように折れ曲がって流れていた。一方、新宿にできた淀橋浄水場への給水路として1898年（明治31）に開通したこの新水路は、谷や低地に築堤を築きその上を通すことで、地形を無視して一直線に淀橋浄水場へと水を運んだ。

これが仇となり関東大震災では築堤が崩れ、漏水が起こった。その後浄水場への送水は甲州街道直下に埋設された導水管に切り替わり、新水路は役割を終えた。戦中・戦後の混乱の中で築堤区間の水路の多くは撤去されずにそのまま残され、通称「水道道路」と呼ばれる道路となった。このまっすぐな道は、明治の水道史を伝える遺構なのである。

水道道路との高低差が絵になるからなのか、暗渠の途中ではドラマ『探偵物語』の第5話「夜汽車で来たあいつ」（1979年〔昭和54〕）が撮影されている。松田優作と水谷豊が駆け抜ける40年前の暗渠の様子は、今とあまり変わりない（写真⑫）。

谷戸の源流

名前のつく橋跡では最も上流にある堺橋（写真⑬）を過ぎると、いよいよ川の源流部に近づいてくる（写真⑭）。この付近で谷は西側の「谷戸《やと》」と南側の「萩久保《はぎくぼ》」に分かれていた。明治に入ると谷戸を横断するように玉川上水新水路が開削され、これを避けるため水路の付け替えがなされる。そして戦後、環七通りが南北に横切って開通したことで、水路は分断され、複雑に交錯した暗渠となった。

まず、谷戸の方の暗渠をたどってみよう。環七通りの西側に渡り、水道道路の南側を見ると、まっすぐに暗渠路地が続いている（写真⑮）。新水路に沿って付け替えられた区間だが、やがて暗渠は本来の流路へとカーブしていく。杉並和泉商店街が横切る地点では、谷であることが道の起伏ではっきりと見える。源流が近づくにつれ、暗渠はだんだんと細くなっていき（写真⑯）、杉並区和泉2—1付近で姿を消す。

⑬ 1957 年竣工の堺橋は、もとの名は「境」橋だったという。欄干の 3 分の 1 が削られてしまっている。

⑮ずらっと並ぶ汚水ますの蓋は、暗渠化される直前の川が、家々の排水を流すドブに変容していたことを示している。

⑫ドラマ版『探偵物語』のロケ地。映像に映るガードレールは今もそのまま残っている。手前の植え込みは映像では小さな砂場となっている。

⑭草に埋もれた左手の土手の上は水道道路、かつての玉川上水新水路だ。

⑯西側の流れの源流部近く。雑草に埋もれたガンタ積み擁壁には煉瓦も見られる。

⑰水道道路北側の流れ。深い溝が開渠で残っている。

暗渠の終点の傍らには「日本のガウディ」とも呼ばれる建築家・梵寿綱《ぼんじゅこう》の手による、独特の装飾を施したマンション「ラポルタイズミ」が建っている。向かいには戦後の闇市の系譜を引くマーケット、大吉市場の鄙びた建物が残り、不思議な一角となっている。

⑱水道道路北側の流れの上流側の暗渠。赤瀬川原平「超芸術トマソン」で取り上げられた。

今では特に水の気配もない静かな住宅地だが、かつてはじわじわと水が湧いて、川となって流れ出ていたという（なお、本書オリジナル版では窪地の名を「鶴が久保」としていたが、典拠とした資料が別の場所の地名との勘違いをしていたことが判明したため、訂正する）。

次に、環七通りまで戻り水道道路の北側を見ると、蓋が消されていない深い溝が続いている（写真⑰）。こちらは玉川上水新水路に沿った排水路として、人工的に設けられた水路だったと思われる。上流へ西進するとやがてコンクリートの蓋掛け暗渠に替わり、「遊び場96番」の脇で姿を消す（写真⑱）。

この蓋掛けの区間は、以前は傍らの道路と段差があり、その様子が赤瀬川原平《あかせがわげんぺい》の著書『超芸術トマソン』（1987）で「トマソン物件」の一つとして紹介された。多くの人がわざわざ階段を上り下りして暗渠の上を歩いている様子が観察され、「階段付き長城物件」

として分類されている。

萩久保の源流

さらに、メインの源流といえる「萩久保《はぎくぼ》」のほうを遡ってみよう。水道道路の土手を越えて南側に出ると、家々に挟まれてコンクリート板で蓋掛けされた水路が出現する（写真⑲）。水が流れていないにもかかわらず水路が取り残されているのは、渋谷区と世田谷区の区界となっていて処遇が曖昧になっているからだろう。

⑲萩久保の流れ、渋谷区と杉並区の境界で所属が曖昧なためか、蓋掛けの暗渠が残っている。

暗渠を抜け甲州街道に出ると、その南側は世田谷区だ。ここはちょうど三つの区の境界の接点になっている。明治半ばまで南豊島郡、東多摩郡、荏原《えばら》郡の三郡の接点だったことから甲州街道が川を渡る橋は「三郡橋《みこおり》」と名づけられていた。橋のたもとでは玉川上水からの分水路が接続されていた。

流路は甲州街道の反対側にも断続的に残り、さらに京王線の反対側まで回り込むと、車の絶えない環七通りのすぐ脇に、再び蓋掛けの水路が現れる（写真⑳）。暗渠は細い路地に沿って続く。ここを数十メートルほど遡って行くと、川の始まりといっていい地点にたどり着く。暗渠がマンホールにぶつかりぷつりと姿を消すのだ（写真㉑）。

⑳アスファルトの路面にはめ込まれたかのような暗渠の蓋。

すぐ先には玉川上水旧水路の暗渠が通っている。かつて上水が開渠だった頃、そこから漏れ出した水も加わっていたのかもしれない。

幡ヶ谷村分水口と盗水

玉川上水旧水路を北東に下っていくと、暗渠はやがて素掘りの開渠に変わる。そして笹塚駅の近くまで来ると、ようやく「幡ヶ谷村分水」の取水口の跡が見えてくる。土手の脇を石垣とコンクリートで固めた、小さな遺構だ（写真㉒）。ここから三郡橋まで接続する水路は、甲州街道に沿って玉川上水の流れと逆の西向きに流れていたため、逆川とも呼ばれていた。

幡ヶ谷村への分水口は15センチ四方と、玉川上水に三十数箇所あった分水口の中でも最も小さく、水は慢性的に不足していたという。水への切実な思いは、村人たちをある行動にまで駆り立てる。明治20年代、彼らは分水口のすぐ傍らに弁財天を祀ることを決め、脇に弁天池を掘ることにした。すると池から「たまたま」水が湧き出し、分水の水を増やすことができた。しかし、この湧水は池の中の抜け穴から入り込む玉川上水の水だった。弁財天は上水から盗水するための方便だったのだ。大正末期には水田の減少で水は足りるようになり、池は埋められた。池のほとりの弁財天は今、幡ヶ谷氷川神社の片隅に移され、ひっそりと祀られている。

神田川支流は都心近くの暗渠でありながら、数々の橋跡や様々な時代の川にまつわるエピソードが潜んでいる。支流の暗渠も多く、それぞれがまたささやかな、けれども興味深い水辺の記憶を湛えて潜んでいる。

㉑少し奥から暗渠が始まる。道路と交差する地点の小さな欄干は、最上流の橋跡遺構といえる。

㉒幡ヶ谷分水口の遺構。石積みに挟まれ水路に垂直になっている面に、正方形の取水口が開いていた。今はコンクリートで塞がれている。

3 仙川を渡る三つの用水——谷に抗う築樋の遺構

【小金井市・武蔵野市】

谷を跨ぐ水路網

玉川上水やそこからの分水路の多くは、第2部に記したように、自然河川の谷と谷のあいだに挟まれた台地（尾根）の上を選んで通されていた。しかし、どうしても谷や自然河川を跨がなければならない場合や、給水範囲が谷を挟んで反対側の台地上である場合は、掛樋（水路橋）や谷を跨ぐ築樋《つきどい》（土手）が造られ、その上に用水を通して谷を越えていた。

現・小金井市の大半や武蔵野市西部、三鷹市西部といった武蔵野台地上のエリアでは、水を得るには台地の中央を流れる玉川上水から分水を引いてくる必要があった。しかし、玉川上水とのあいだには、仙川《せんかわ》の谷が東西に横たわっていた。そこで、いくつかの分水路が、築樋を築き、谷を越えていくこととなった。それらは上流側から順に、小金井分水、梶野新田《かじのしんでん》分水、境《さかい》分水（西側・東側）、仙川用水といった五つの分水となる。

これらの中から、現在も遺構が残っている小金井分水の山王窪《さんのうくぼ》の築樋と、梶野新田分水の梶野築樋、そして境分水（西側）の懸樋について、前後の水路の痕跡も追いながら見てみよう。

小金井分水と山王窪の築樋

仙川の谷を跨ぐ用水のうち、最も上流寄りの玉川上水小金井分水は、1696年（元禄9）頃開削された。分水は、小金井市貫井北町《ぬくいきたまち》から南へと流れ、幾手かに分かれながら台地上の飲用水として利用された。また、国分寺崖線を下ったのちの水路は、野《の》川沿いの水田の灌漑用水としても利用されていた。流末は野川や仙川、梶野新田分水に接続していたが、中には林野にそのまま滲み込む分水路もあった。1970年代までにはその役目を終え、大半は埋められてしまったが、一部は空堀や遊歩道となって痕跡を残している。

小金井市貫井北町3―36付近、玉川上水の南側を並行して流れる砂川《すながわ》分水（南側元堀《もとぼり》）の右岸に、小さな水門が設けられている（写真①）。これが小金井分水の分水口だ。本来は玉川上水から直接分水されていた。1870年（明治3）、玉川上水に船を通すこととなった際に、現在の立川市から小金井市にかけての玉川上水南側の各分水の分水口は、砂川分水の取水口からまとめて取水するかたちに変更された。そして砂川分水を下流方向に延長して玉川上水に並行する南側元堀を造り、そこから各用水を分岐することとなった。小金井分水口も、その際に今の位置になった。現在、南側元堀はここまで通水していないため、小金井分水も水は流れていない。

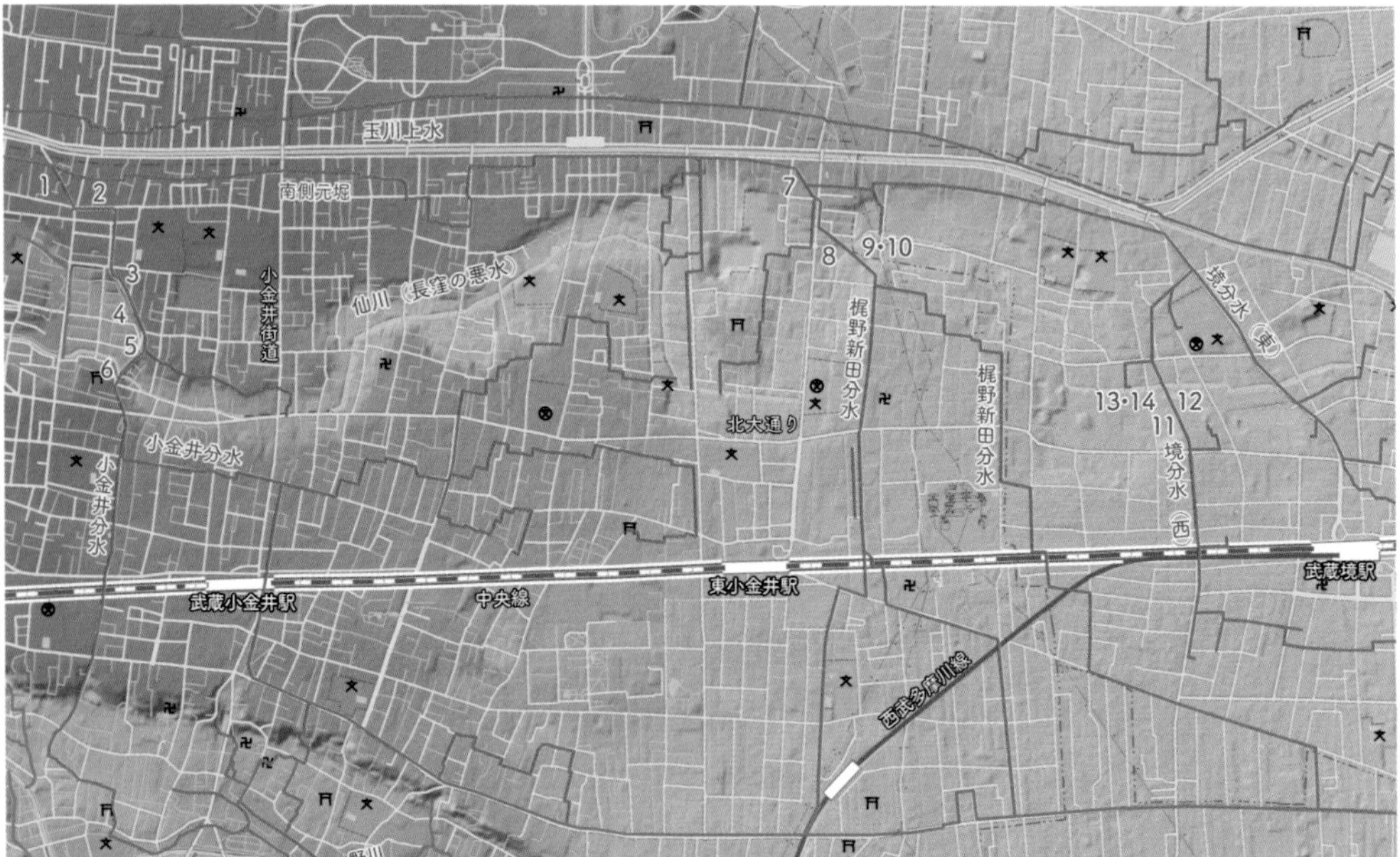

水門の直後は暗渠となっているが、しばらく進むと梁《はり》を渡した水路が現れる。雑草が生えていて、長いあいだ水が流れていないことをうかがわせる。暗渠ではないが、これもまた「失われた水」だ（写真②）。やがて水路は、仙川の源流地帯の窪地の縁に沿って流れるようになる（写真③）。窪地の底には小金井本町住宅という団地が広がっている。昭和43年（1968）に起きた3億円事件では、犯人の使った車がこの団地の一角に乗り捨てられていたという。畑がところどころに残る静かな住宅地の中を、緑に囲まれた空堀が続いている。

南東へと進んでいた水路は、東へ分水（現在は遊歩道）を分けたのち、仙川の谷を直角に越えるため、南西に向きを変え、ここから築樋が始まる。空堀が続いていた水路はこれより下流は暗渠となってしまう（写真④）。築樋は建造当時、102メートルの長さと、5・4メートルの高さがあったという。現在も西側は土手の斜面が残り、東側も住宅の2階と同じ高さとなっていて、それなりの高さが保たれている（写真⑤）。築

①南側元堀から分かれる小金井分水の水門。開設当初は24センチ四方の分水口だった。

②都市の小川のような、コンクリート梁を渡した水路が残る。

③窪地を迂回するよう台地の縁に沿って小金井分水の空堀が続いている。

④やがて山王窪を跨ぐための築樋が現れる。

⑤山王窪の築樋を下から眺めると、かなり立派な土手になっていることがわかる。

⑥築樋の下を仙川がくぐっている。ふだんは水の流れない涸れ川だ。

樋が越えている谷は、そばにある山王稲穂《さんのういなほ》神社に由来して山王窪と呼ばれている（写真⑥）。低地で築堤もあったため水が溜まりやすいことから田畑には使えず、見渡す限りの雑木林が広がっていた。長雨で浸水した際には水深2メートルほどになり、なかなか水が引かず、鴨が飛来したこともあったという。団地が造成された際、谷底には3メートルほど盛り土がされている。

　分水は築樋で仙川を越えたのち、小金井村のエリアで水を分けながら南下し、国分寺崖線下の野川へと流れていた。現在は一部が遊歩道として残るほかは、明確に水路跡を見い出すことはできない。

梶野新田分水と梶野築樋

　次に梶野新田分水の築樋を見てみよう。梶野新田分水は現・小金井市東部、武蔵野市西部、三鷹市北西部の六つの新田集落の飲用水として、１７３４年（享保19）頃に開削された。「梶野新田外五ケ村呑用水組合」に属する梶野新田、染谷新田、南関野新田、境新田、井口新田、野崎新田で利用されたのち、上仙川村で仙川源流一帯の水田をめぐる用水路に余水を落としていた。１８７１年（明治4）には下流部が延長されて、深大寺用水となる。

　梶野新田分水も本来は玉川上水から直接分水されていたが、明治以降は南側元堀からの分岐となった（写真⑦）。１９６０年代前半には用水組合の解散により利用されなくなり、大半は埋め立てられたり暗渠化さ

⑦梶野新田分水の空堀。築樋の手前までは立派な水路が残っている。奥にはかつて水車があった。

⑧梶野築樋。右奥の水色の柵が、仙川と立体交差している地点だ。

⑨仙川を越える部分にはしっかりしたコンクリートの護岸が残る。

⑩築樋北側の仙川を見下ろす。

れたりしている。

梶野新田分水の築樋は、亀久保と呼ばれる仙川沿いの低地を越えるために築かれた。長さ230メートル、高さ3・9メートルと、山王窪の築樋よりも高さこそ低いものの、かなり長く、谷の幅が広かったことがわかる。現在も、住宅地と畑に挟まれ、北西から南東の方向に築樋の土手が続いている（写真⑧）。築樋の手前では水路はほとんど埋まってしまって、雑草の生える細長い空き地と化している。しかし仙川を越える地点にはコンクリートの頑丈そうな護岸が残っている（写真⑨⑩）。その先の区間も、土手上のわずかな窪みが、素掘りの水路の痕跡を留めている。山王窪の築樋と違って整備されていない分、朽ちかけた風情に、今は遠い記憶となった水を得るための苦労が偲ばれるように思える。

「長久保の悪水」の氾濫

二つの築樋が越える谷を流れている仙川は、山王窪の築樋から600メートルほど西の小金井市貫井北町を上流端とし、小金井市、武蔵野市、三鷹市、調布市、世田谷区を経由し野川に合流する、全長およそ21キロの川だ。本来の仙川は三鷹市新川の丸池を水源とする川で、それより上流は戦後、1950年（昭和25）前後になっての開削とされている。

だが実際には、新たに開削されたのはJR武蔵境駅付近から新川までの区間（1948年〔昭和23〕頃）のみで、それより上流には、もともと「長窪《ながくぼ》の水流」この水路は現在のサレジオ学園付近にあった「お釜」と呼ばれる窪地を水源としていた。ふだんはほとんど水が流れていなかったが、一方で雨が降ると大水となっていた。谷をダムのように横切っていた梶野築樋はそのたびに水が溢れ、数回にわたり破壊された。

水路を掘り下げて、水が下流にスムーズに流れるよう対策をしたことで築樋は壊れなくなったが、今度は下流側の境村で、洪水がひどくなる。境村ではこれに対し、1752年（宝暦《ほうれき》2）より、谷を横切る堤防を三つも造り、下流側の窪地に水が来ないようにした。これにより梶野新田分水の築樋は再び水害で壊れてしまう。この堤防をめぐって宝暦から明和《めいわ》にかけて梶野新田と境村のあいだで争いが起こり、1754年（宝暦4）には「悪水堀築留取払いお願いの状」が出されている。

境分水の掛樋

では最後に、その境村を流れていた分水と、仙川の交差を見てみよう。境分水の開削時期ははっきりしていないが、境村（現・武蔵野市西部）は寛文《かんぶん》年間（1661〜1672）に開拓されている。また、享保年間には、西側に境新田が拡張された。分水は村内で細かく枝分かれし、それぞれの住居に設けられた池につながっていて、水を溜めて使用していた。先の二つの分水と同様、明治以降は南側元堀からの分水となっており、元堀の最下流でもあった。

境分水の主水路は二手に分かれていて、それぞれが

⑪境分水跡。掛樋の前後は遊歩道として整備されている

⑫仙川の掛樋跡に架けられた橋。橋が不自然に高くなっているのは下に懸樋が保存されているためである。

⑬橋の下にコンクリート製の樋が残っているのが見える。

⑭樋の中は空洞のままになっている。ここに水が流れていた。

仙川を越えていた。山王窪や亀久保よりは高低差がなかったため、川を渡る部分は掛樋で仙川を越えていた。東側の水路と掛樋は現在道路となり、まったく残っていないが、西側の水路の一部は遊歩道「花の通学路」としてたどることができる（写真⑪）。仙川を越える前後の土手は削られているものの、橋の部分は盛り上がっている（写真⑫）。橋の下を覗くと、たもとの土台は富士山型の土手の断面を残しており、コンクリート製の水路の掛樋が部分的に残っている（写真⑬⑭）。間違いなくこの場所で、用水が川を渡っていたことを示す、うれしくなるような証拠だ。

小金井分水、梶野新田分水、境分水の三つの用水路とその遺構は、空堀が残っていたり、埋め立てられていたりと、必ずしも暗渠というわけではない。しかし、水をめぐる人々の地形とのかかわりの記憶が垣間見られる、失われた水の遺構であるという点で、暗渠と同じ意味合いを持っている。

4 狛江暗渠ラビリンス――絡み合う無数の水路

【狛江市】

迷宮のような暗渠群

狛江《こまえ》市の南寄り、小田急線の線路東に広がる一帯には、数多くの暗渠が絡み合うようにあちこちに通っていて、まさに迷宮のようだ。歩いているうちに、ぐるっと回ってもとの場所に戻ったり、どこかルートを定めてたどろうと思っても、断続的な水路跡の空き地が次々に目の前に現れて、なかなか先に進めない。その景観も、親水施設が整備された遊歩道から、コンクリート蓋、雑草の生える空き地、埋まりかけた水路など、多岐にわたる。

これらの暗渠は、清水川・岩戸《いわと》川や町田川・宇奈根《うなね》用水と呼ばれた川、これらから分かれていた水路、そして六郷《ろくごう》用水からの分水が、複雑に絡み合って形成された水路の痕跡だ。それが迷宮状態となっている背景には、急激な環境変化がある。

1970年前後、狛江では用水の水量減少・減反政策・カドミウム汚染による水田の急減、六郷用水の廃止、湧水の涸渇、宅地化の進展といった事象がまとまって起きた。これにより、土地改良や区画整理にともなう水路の改修・統廃合といった過程を踏まないままに水路が廃止されていった。このため、暗渠ですらない「水路敷の空き地」が各所に残った。そして主要な水路が曲がりくねったまま排水路となり、その後1980年代にかけて暗渠化されていき、今の景観が成り立っていく。

現在残存している暗渠・水路跡や、古地図などから川だったと判断できる場所を地図上にプロットしてみると、網の目のように水路が複雑に絡み合う。これらをひもとくことから始めよう。

六郷用水と三つの水系

まず鍵となるのは、六郷用水だ。このエリアの川は「清水川」「岩戸川」とそれらの支流として語られることが多いが、その二つを含め、大部分の水路は江戸時代以降、六郷用水と大きなかかわりを持っていた。

六郷用水は1611年（慶長《けいちょう》16）に開通し、多摩川の水を現・狛江市元和泉2丁目で取水し、現在の世田谷区・大田区方面に送り続けていた用水路だ。本流だけでもその長さは20kmに及ぶ。

狛江エリアでの用水は、堰での取水後、段丘の上に堀割を開削して横切っていた。そして、野《の》川の流路を横切ってその水を加え、さらに入間《いるま》川の流れに接続してその水を合わせ、東へと流れていった。用水はさらに現・世田谷区大蔵5丁目から再び人工的な水路となり、国分寺崖線《こくぶんじがいせん》の下を流れていく。六郷用水の開通で、一帯の水系は再編された。第1部第1章で触れた「根

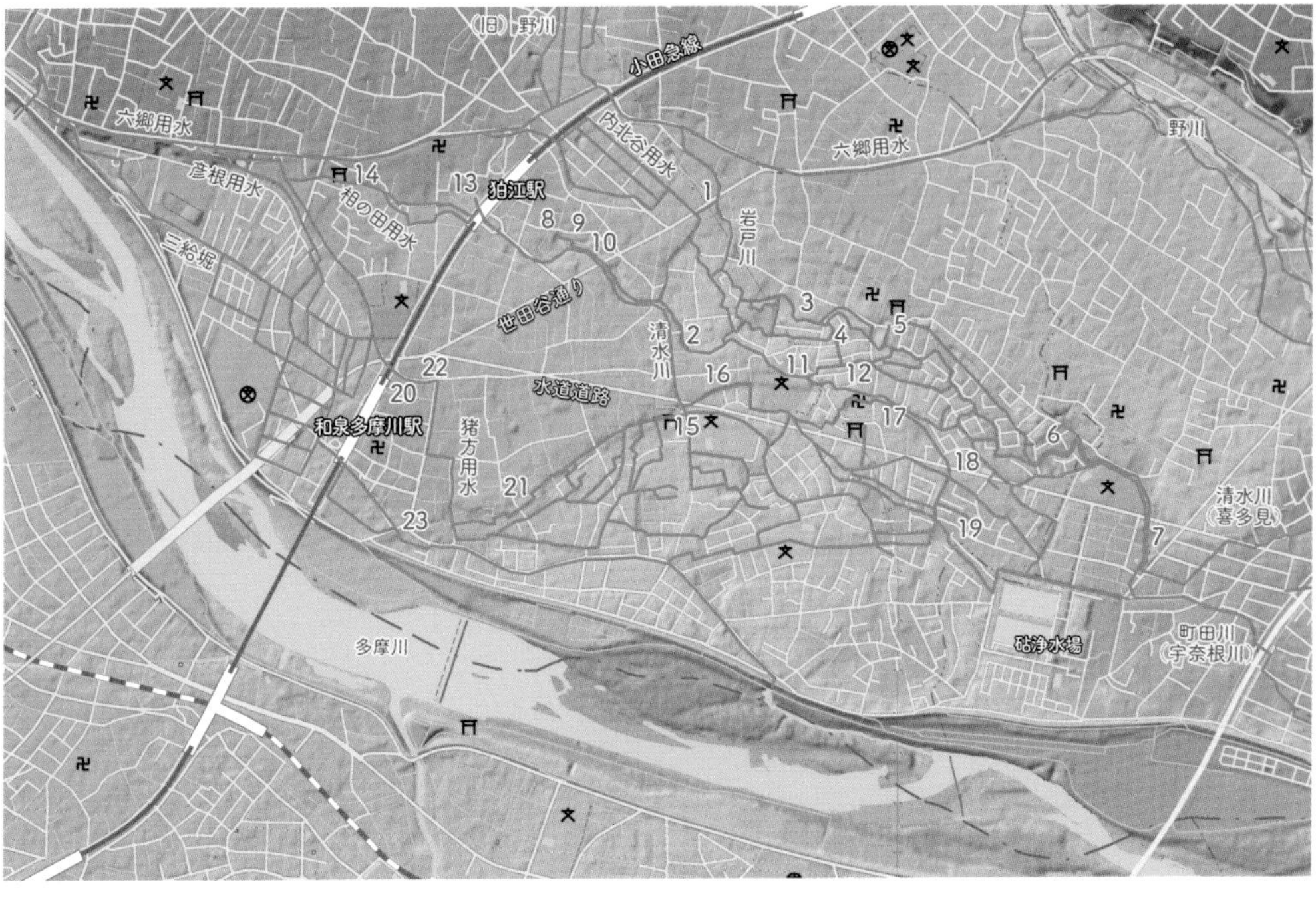

と枝葉の水路網」だ。

用水は戦後その役割を終え、１９６０年代から70年代初頭にかけて埋め立て・暗渠化される。これと前後して野川は新水路を開削して入間川下流部を取り込み、現在の流路となった。

六郷用水はその名のとおり、当初は六郷領のみに水利権があり、途中の世田谷領では１７２６年（享保《きょうほう》11）にようやく利用できるようになった。だが狛江では取水口があったためか、あるいは野川の流れが六郷用水で分断されたことに対する補償だったのか、開通直後から分水が引かれていたようだ。狛江市内の川や水路は、この分水とのかかわりから大きく三つにグルーピングできる。

一つ目は「岩戸川」（岩戸用水）の系統だ。岩戸川は、六郷用水によって分断された旧・野川の下流部を利用した用水路で、岩戸地区の灌漑《かんがい》用水として利用された。そこには別に六郷用水から分けられた「内北谷《うちきたや》用水」の水も流入し、また揚辻《あげつじ》稲荷境内の湧水池から引いた用水路（おいなりさんの川）も並行して流れた。

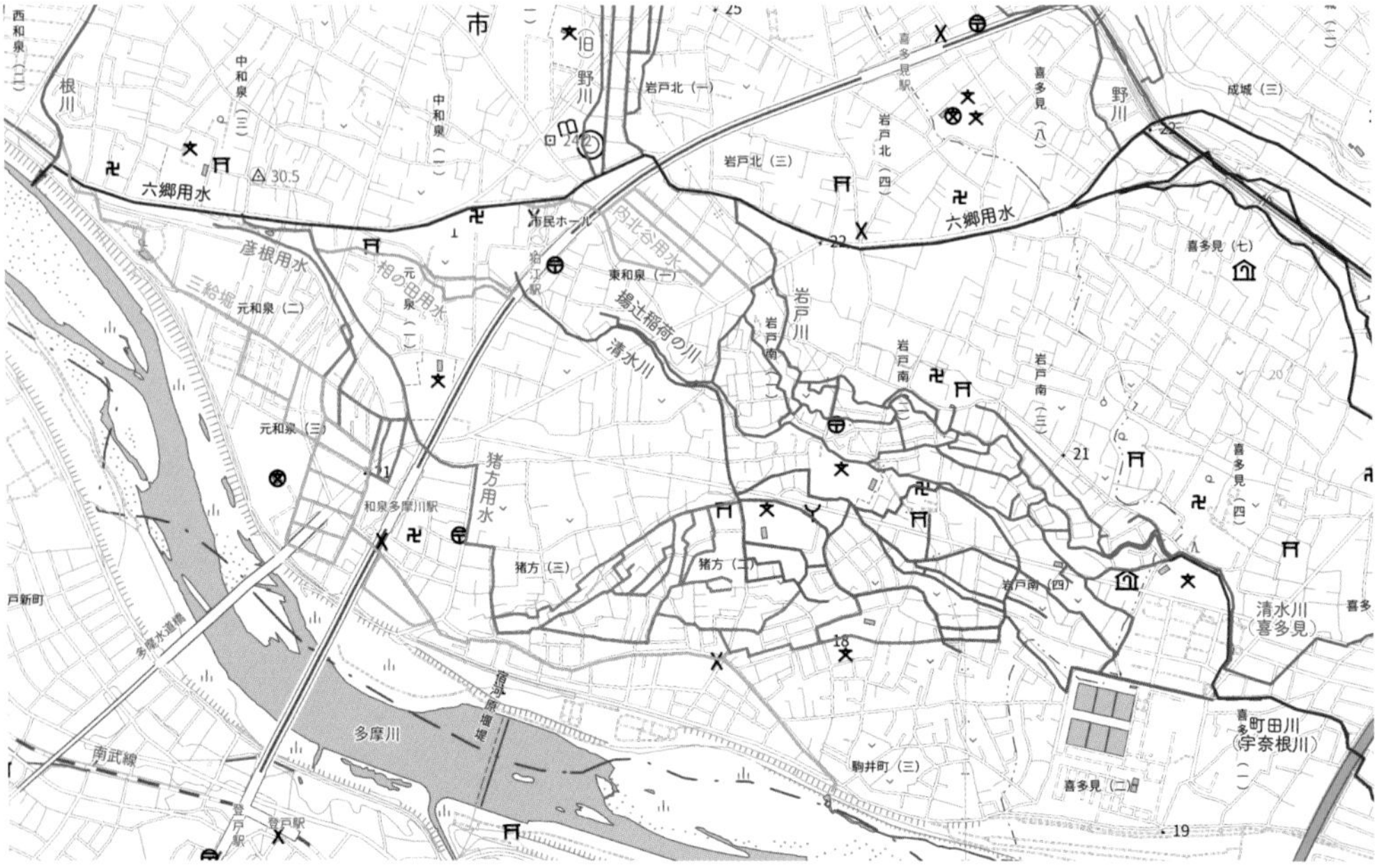

図1　狛江暗渠系統図
狛江の暗渠系統図。複雑に絡み合っているが、①岩戸川と揚辻稲荷の川、内北谷用水②清水川と相の田用水③猪方用水と彦根用水、三給堀の３グループにわけて捉えると、その構造が浮かび上がる。

二つ目は「清水川」の系統だ。こちらは小田急小田原線の狛江駅西側に今も残る湧水池を水源とし、猪方《いのがた》地区と駒井地区北側の灌漑に利用された。上流部には六郷用水から分水された「相《あい》の田用水堀」も接続され、水を補っていた。

三つ目は「猪方用水」の系統だ。六郷用水から分水され、現・和泉多摩川駅の西方で二手に分かれ、猪方地区と駒井地区南側に水を送った。こちらには根《ね》川の水を引き込んだ「三給堀《さんきゅうぼり》」と、崖線下の湧水を集めた「彦根《ひこね》用水」、それを加えた田中の池からの用水路の余水も加わっていた。

前ページの図は、系統別に便宜的に色分けした地図だ。これを見てわかるのは、岩戸川の系統と清水川の系統は、狛江を抜け世田谷に入るまで決して交わらないということだ。接近して流れるところも、水路を並行して2本とし、水が混ざらないようにしている。岩戸地区と、それ以外の地区の水利権が厳格に区分されていたことを示しているのだろう。

以下、ポイントを絞ってこれらの暗渠を見ていこう。

岩戸川（岩戸用水）の水系

岩戸川は、小田急線線路の南、駄倉《だくら》保育園近辺で六郷用水から分岐し、幾筋にも分かれて岩戸地区の水田を潤していた。分岐点の近くは大部分が車道となっているが、一部区間だけコンクリート蓋の暗渠が残っている（写真①）。世田谷通りを越えてしばらく進むと、暗渠上は遊歩道となる（写真②）。ここは、あまり整備されておらず、川の名残が色濃い。途中の分流は、空き地として放置されている箇所が多い（写真③）。

①六郷用水より分かれた岩戸川の水路の一部が、コンクリート蓋暗渠で残っている。

岩戸川緑地公園となる付近からは、整備されて緑道らしくなる（写真④）。左岸側の岩戸八幡神社前には小さ

③幅の広い水路跡の空き地。草むらに埋れている。

②遊歩道となってはいるが、道端にかつての護岸が半分埋まっていたり、擁壁から排水管が突き出ていたりと加工度は低い。

⑤岩戸八幡神社の弁天池。少量だがコンスタントに水が湧き、暗渠へと流れ出ていく。

④岩戸川緑地公園。暗渠上に1992年竣工の130メートルほどの循環式せせらぎが流れる。この近辺から、比較的整備された遊歩道になる。

な湧水池があり、中島に弁財天が祀られている（写真⑤）。一帯の崖線下には、以前はほかにも「わきだし」や「かま」と呼ばれる湧水が20箇所ほどあり、洗い場や洗濯に利用されていた。

緑道は途中いくつかの暗渠を加え、激しく蛇行しながら東進していく（写真⑥）。世田谷区喜多見《きたみ》へと入る手前から、川は土手を挟んで二筋に分かれて、そのまま並行して流れていた。そして砧《きぬた》浄水場の北東で一つは「清水川」に名を変えて北東へと流れていき、もう一つは宇奈根川（町田川）として南東へ流れていった。後者が六郷用水開削前の野川のルートと思われる。喜多見公園の南側に、蓋暗渠が残っている（写真⑦）。

内北谷用水は現在の狛江駅北口付近で分水し、内北谷地区の水田を潤したのち、岩戸川に接続していた。流域は耕地整理がされていたため、水路の一部は直線状に整理されているが、それでも各所に痕跡が残る。

揚辻稲荷の湧水池からの流れは、「おいなりさんの川」とも呼ばれており、境内には涸れた池が残る（写真⑧）。流れ出た水路が途中曲がる地点には、水門の

⑦喜多見公園南側の窪地に、柵に四方を囲まれた暗渠が残る。夏は雑草に埋もれて見えなくなる。

⑥蛇行する岩戸川緑道。1 本の流れに見えるが、土手を挟んだ 2 本の水路が並行して流れていた。

⑧揚辻稲荷の池。1960 年頃に湧水は涸渇してしまったが、今でもまれに復活することがある。写真は 2019 年秋に水が湧いた時の様子。

跡のような構造物が残っている（写真⑨）。先を曲がると広大な空き地が奥に続いている。ここには右側に、清水川が、左側に揚辻稲荷からの川が土手を挟んで別々に並行して流れていた（写真⑩）。前者は猪方・駒井地区が、そして後者は岩戸地区が水利権を持っていたために、水路を分離させて混ざらないようにしていたのだ。２５０メートルほど並行して流れたのち、揚辻稲荷の流れは岩戸用水からの分水と絡み合いながら東へと流れていく。それらの暗渠は、さまざまな様

⑨護岸が路面のアスファルトに埋もれかかっている。両側には、水を塞き止める板を挿すためのような溝付きの遺構がある。

⑩一つの川の暗渠に見えるが、真ん中に土手を挟み、揚辻稲荷からの川と清水川が並行して流れていた場所。

⑪狛江第三小学校の裏手の暗渠はこの一帯で最も綺麗に整備されている。

⑫狛江の水路のほとんどは暗渠になっているが、ここは蓋掛けされていない水路が残っている。

⑬狛江の駅舎よりも高い木も生える鬱蒼とした森の中、ひょうたん池は自然に近い姿をとどめている。

⑭相の田用水堀を鎌倉道が渡る地点に架かっていた鎌倉橋の欄干。

相を見せる（写真⑪⑫）。

清水川の水系

清水川の源流は、小田急線狛江駅のすぐそば、泉《せん》龍寺《りゅうじ》の「弁財天池」と、その隣にある「狛江弁財天池緑地保全地区」の「ひょうたん池」だ（写真⑬）。二つの池は、立川《たちかわ》段丘の末端に刻まれた浅い谷頭の窪みにあり、深い森に囲まれている。

昭和初期には毎分9000リットルもの水が湧き出ていたというが、1972年には涸渇し、現在は深井戸から水を供給している。清水川は、かつては岩戸川（旧・野川）に合流する小川だったが、六郷用水開通後は、相の田用水堀（写真⑭）の水を加え、駒井地区と猪方地区の灌漑に利用するようになった。

このため、天神山と呼ばれる立川段丘末端の微高地にあらたに堀割を開削して水路を南下するよう付け替えて、駒井と猪方の水田につなげた。堀割を抜けた地点からは、猪方用水の余水を加えつつ三方に分岐し、

⑮堀割で府中崖線の下に降りた清水川は、猪方用水の余水を合わせ東進する。暗渠が不自然な形で残る。奥に見える白旗菅原神社にはかつて湧水があった。

⑯府中崖線の下に沿って暗渠は東へ向かう。

⑰細長い帯状の土地を挟んで、右に揚辻稲荷からの川（現在暗渠の路地）、左に清水川系の水路（現在草むらの空き地）が並行して流れていた。

⑱左の水路を少し進むと草むらの中から細い蓋暗渠が現れる。

水を供給した。

この水系にはさまざまな幅や形態のコンクリート蓋暗渠が残っているのが特徴的だ（写真⑮⑯⑰⑱⑲）。流末は猪方用水の一流と合流したのち、町田川へと接続されていた。

なお、世田谷区内では岩戸川下流部を清水川と呼んでいるが、狛江では水利権の関係からか、両者は明確に区別されている。清水川の水源・泉龍寺に水年貢を納める慣習が1967年（昭和42）まで続いていたのだが、納めていたのは駒井地区・猪方地区で、岩戸地区は納めていなかった。つまり、清水川の水は岩戸川には入っていなかったということだ。

猪方用水の水系

猪方用水は、ほかの水系よりやや遅れた1666年（寛文《かんぶん》6）の開削と伝えられる。元和泉で六郷用水より分かれたのち二手に分かれ、猪方地区への流れは効率よく送水できるよう和泉の微高地を経由して流れ、

⑳猪方用水の水路が歩道に姿を変えている、右側に切れ目なく続く縁石は護岸の跡だと思われる。

⑲清水川系の水路は1本に収束し、喜多見へと流れていく。地面から暗渠が飛び出す、少し珍しい光景だ。

㉑祠の脇の崖下に、細い暗渠が通っている。

駒井地区への送水路は多摩川沿いまで下って東進していた。前者は幾筋にも分かれて流れながら、清水川の水系につながっていった。後者は本流の流末は、多摩川につながっていた。

三給堀は、だいぶ時代の下った1843年（天保《てんぽう》14）の開削で、六郷用水取水地点付近に樋《とい》を掛けて対岸を流れていた根川の水を引き込んでいた。根川は今では涸れ川となっているが、当時は上流部の灌漑に使っても余るほどの湧水が流れていたという。田中の池からの用水とともに和泉地区の水田を潤し、猪方用水の南流に合流した。

緒方用水の水系は、岩戸用水や清水川の水系に比べると、道路に転用されている区間が多く、だいぶ痕跡が薄れている。それでも意識しながらたどると、道路の歩道となっていたり（写真⑳）、家々の裏手に空き地として細長く残っていたり（写真㉑）と、その流路を見つけることができる。また、暗渠沿いには石橋供養塔（写真㉒）や戦前の橋の親柱《おやばしら》（写真㉓）といった遺構もわずかながら残されている。

消えつつある暗渠ラビリンス

これらの水路には、いつ頃まで水が流れていたのだろうか。

水路の主な水源だった六郷用水は、1945年（昭和20）に廃止されてはいたものの、狛江付近の上流部では、1960年代初頭まで水が豊富に流れていた。しかし、1967年（昭和42）に、六郷用水は暗渠になってしまい、各地の湧水も同時期に涸渇して、川の水源が失われていく。70年代に入ると冒頭に触れたように、減反政策や土壌汚染もあって、水田は急減し、代わりに虫食い状に住宅地が広がっていった。大部分の水路は機能を失い、排水路として暗渠化されたり、埋め立てられた。最後まで水田が残っていた駒井地区では、地下水を汲み上げて用水路に流し、水を確保していた。1985年には、最後に一つだけ残った水田が収穫を終え、狛江の水田は完全に消滅する。

暗渠の周囲では今も開発が進み、迷路のような暗渠は少しずつ姿を変えたり、消えていっている。ぜひ今のうちに、この暗渠ラビリンスに迷い込んで、少し前まであった、水路が張り巡らされた田園の風景に想いを寄せてみてほしい。

㉒猪方用水に掛かっていた江東橋の石橋供養塔。1806年（文化三年）に建立された。

㉓名前のわからない橋跡。残された親柱には昭和三年三月竣工と刻まれている。背後の柵の先が水路跡だ。

5 練馬の谷戸の暗渠群——旧地名が呼び起こす水の記憶 【練馬区】

地形の特徴を示唆するかつての地名

練馬区南東部には、豊島台《としまだい》を刻み石神井《しゃくじい》川に流れ込んでいた、いくつかの支流の暗渠が残っている。現在の地名からはあまりイメージできないが、かつての地名（字名《あざめい》や呼称）を掘り起こしてみると、その土地地形的な特徴が浮かび上がってくる。唯一現在の地名に名残をとどめる「羽沢《はざわ》」の支流、桜台を流れていた「宿湿化味《しくじっけみ》」の支流と「出子谷ツ《でこやっ》」の支流、練馬を流れていた「狸《むじな》が谷戸《やと》」の支流と「谷戸」の支流の五つを順に見てみよう。

羽沢の川（下練馬村分水、羽沢分水）

暗渠をたどって街を歩いたり、地域の旧地名を調べていたりすると、しばしば「羽」のつく地名に遭遇する。何となく鳥の羽根が連想され、気品のあるような地名に感じられる。練馬区羽沢もその一つだ。その名のとおり、そこには石神井川へと注ぐ小さな沢があった。

「羽沢」は、現在では「はざわ」と読むが、もともとの地名は「羽根澤」と書いて「はねさわ」と読んだ。下練馬村の字名の一つだ。地名は昭和初期の板橋区編入時にいったん消滅したが、1962年（昭和37）の住居表示施行時に羽沢《はざわ》として復活したという経緯を持つ。地名の由来として、鶴がたくさん飛んできて羽を落としていったからという伝承があり、一方で「埴沢《はにさわ》」、つまり埴輪《はにわ》の素材となるような、粘土質の土がとれる場所だったからだともされている。

場所は離れるが、渋谷川の支流「いもり川」の流れていた谷も「羽沢《はねさわ》」と呼ばれていた。こちらには、「源頼朝《みなもとのよりとも》の飼っていた鶴がここに飛来して営巣し、卵から孵《かえ》った雛《ひな》が初めて羽ばたいたところ」と、やはり鶴に結びつけた由来が残っている。羽から鶴への連想・変換というのは、一つの型だったのだろうか。

おそらくはどちらも粘土や泥を指す「はに」が語源なのだろう。古地図を見ると、練馬の羽根沢から続く台地のへりには「羽根木」という字名があり、同じ地層の粘土が露出していたであろうと思われる。ちなみに、北区赤羽《あかばね》の「羽」も同様に、赤い粘土質の土がとれたことが語源とされている。粘土が語源だとすると羽根のイメージとはまったく異なってきてしまうわけだが、それでもなお「ハネ」という言葉の響きには、どこか軽やかな響きがある。

羽沢の流れには、その源頭部に、千川《せんかわ》上水からの分水路が接続されていた。この分水路は下《しも》練馬村分水と呼ばれていたため、羽沢支流全体を下練馬村分水、あるいは羽沢分水と呼ぶこともあったようだ。分水路は

①西武池袋線と環七通りの交差する下に、下練馬村分水の欄干の跡らしき遺構がある。

②正久保通りを越えると、暗渠上に水路敷の字がペイントされている。下った付近にはかつて水源の湧水があった。

③羽沢の流れの大部分は車道の歩道部にとりこまれているが、一部だけは車止めつきの暗渠路地になっている。

④仲羽橋の下に残る石神井川への合流口。雨水管の吐口となっている。

江戸中期には開通していたようで、羽沢の谷戸の底には細長い水田が拓かれていた。

谷底の水田は１９５０年代終わりには埋め立てられて、「羽沢２丁目アパート」となった。60年代から70年代にかけて、都内各地では谷戸田を埋め立てて多くの団地が造られたのだが、大きな谷戸だけではなく、こんな小さな谷戸にも団地ができたというのが、当時の切迫した住宅事情をうかがわせる。川は遅れて１９７０年代前半に暗渠化されたが、羽沢２—１の源頭には80年代初頭まで湧水があったという。流路は主に車道の歩道として、全区間たどることができる（写真①②③④）。暗渠沿いは緑が多く、どこかしら開放感もあって、五つの暗渠の中ではもっとも明るい雰囲気の暗渠だ。

宿湿化味の川

羽沢の川に下流部で合流していたのが、「宿湿化《しくじっけ》味《み》」の谷を流れていた小川だ。何とも不思議な響きを

⑤ JA 東京あおばから杉の子児童遊園裏手にかけて、蓋掛けや砂利敷の暗渠が残る。

⑥水路敷扱いとなっている、細い路地暗渠区間。

⑦隣接する住宅の敷地のように見えるが、白い柵で囲まれた細長い空間が暗渠だ。

持つ地名だ。石神井川を挟んで向かい側、現在の城北中央公園の西側一帯も、かつて「湿化味」（しけみ、しっけみ、しっかみ）、「前湿化味」という字名だった。石神井川に架かる橋の名前に、今でも「湿化味《しっけみ》橋」としてその名を残している。

東隣りの羽沢にも、西隣りの出子谷ツにも水田が拓かれていたのに対し、宿湿化味の谷には明治以降の地形図を見る限り、水田が拓かれた様子は見られない。ほかの谷とはわずか数百メートルしか離れておらず、同じように窪んだ細長い谷戸なのに、宿湿化味の谷が違っていたのはなぜなのだろうか。水量が足りなかったのか、それとも稲作に適さない土地だったのか。

背景を調べていくと、「シッケミ」に関連があるとされる地名「ケミ」に突き当たった。「ケミ」は信州中部に多い小字名で、川沿いの湿地や沼地、水辺や水田の中にある林地を示す。特に、日陰や湿地となっていて、田畑として使用できないような土地を指すことがあるという。信州以外にも、千葉県千葉市の「検見《けみ》川《がわ》」はこの「ケミ」系の地名で、また、同じく千葉市

「花見川《はなみがわ》」の「花見」も、もともとの読みは「ケミ」だったという。

暗渠を追っていると、水が湧くような土地ではあるものの、泥地や湿地となっていて耕作に向かず、水温も低過ぎて稲の生育には適さなかったという場所に、時折行き当たる。「宿湿化味」の谷もそんなところだったのではないか。

宿湿化味の川も1970年代に暗渠化されたが、道路から外れていたり家々が上から建ってしまったりと、あまりきちんとたどることができない。ただ、上流には、今でも水路が残っている区間がある。どのような経緯で残されたのかわからないが、水の流れがなくなり苔に覆われたコンクリート張りの水路から、かつての湿気の多さが偲ばれる（写真⑤⑥⑦⑧）。

出子谷ツの川

次は宿湿化味の西隣りの谷、「出子谷ツ」だ。この谷には開進《かいしん》第二小学校付近を水源とする小川が流れ、

⑧宿湿化味の流れの上流部には、水は涸れているものの暗渠化されていない水路が残っている。

⑨開進第二中学の北側、水路敷扱いの極細路地。

⑩の路地の延長線上、農園の中に、コンクリート蓋掛けの暗渠が残る。

氷川台《ひかわだい》駅近くの四《し》の宮宿《みやじゅく》橋で石神井川に注いでいた。出子谷、出古谷ツとも記され、谷戸の名前であるとともに、一帯の字名でもあった。『東京府北豊島郡誌』には、出古谷川とあるが、おそらく「ツ」を「川」と誤記したものだろう。幅20メートルほどの狭い谷戸だが、谷底はやはり水田に利用されていた。

古い住宅地図を見ると、開進第二小学校よりさらに上流にも、道沿いに水路が記されている。たしかに窪地は続いているが、かなり浅く、雨水や排水を流すため人工的に延長したのではないかと思われる。

川は1970年代前半に暗渠化されたが、先の二つの暗渠よりも、その痕跡が明確に残っている。上流部にはすれ違うことのできないほど極細の路地や、畑の中に取り残された、コンクリート蓋の暗渠が見られる。中流部以降は小さな植え込みを車止めにした歩行車道となっていて、途中では二手に分かれて並行する。細いほうの暗渠は細やかに蛇行し、路地裏感が漂う（写真⑨⑩⑪⑫）。

⑪蛇行を描くしっとりとした暗渠。この区間は1970年代後半に暗渠化されたようだ。

⑫出子谷ツの暗渠は植え込みの車止めが散見されるのが特徴的だ。

狸が谷戸の川

練馬駅北方の路地裏にあった豊島弁財天を水源とする流れの谷は、かつて「狸《むじな》が谷戸《やと》」と呼ばれていた。こちらは現地での通称で、流域の正式な字名は栗山《くりやま》（栗山、栗山大門、栗山下）と、川の西側の丘の名を取っている。実際に栗の木が多く生える丘で、姿が見えない大蛇が出現するという伝承が残る。

ムジナ（狢）とはアナグマのことで、タヌキとは姿も生態も似ていたことから、よく混同されていた。そのため、谷戸の名も「狸」と書いて「ムジナ」と読むのだろう。港区に麻布狸穴町という地名があるが、こちらは「まみあなちょう」と読む。マミもやはり、タヌキとアナグマのどちらをも指す言葉だ。狸穴町には古《ふる》川の支流が急峻な谷を流れており、川沿いの崖にタヌキかアナグマが穴を掘って暮らしていたことが町名の由来と思われる。狸が谷戸は、今回紹介する五つの谷の中ではもっとも狭く、谷の斜面も急だ。やはり川沿いの土手に、ムジナかタヌキの巣穴があったのだろうか。

谷底には並行する二つの暗渠が残る。あいだに挟まれた細長い谷底は、羽沢や出子谷と同じく水田だった。東側の暗渠のほうがやや高いところを通っており、こちらが水田に水を引き入れる水路だったのだろう。それゆえ、こちら側の水路が先に消滅している。

湿度の高い暗渠を遡っていくと、最後は一つにまとまり、擁壁《ようへき》に挟まれた深い谷となり、しまいには行き止まりとなる。三方を囲まれ閉ざされた空間は人通りもまったくなく、その秘境感は格別のものだ。

⑬狸が谷戸を横切る道。手前と奥の坂それぞれの下に流れがあった。谷底の幅の狭さがわかる。

⑭暗渠の最上流部は、両側を擁壁に囲まれて秘境のように閉ざされている。

⑮暗渠の突き当たりの崖上には、2018年まで豊島弁財天の祠があった。

⑯ありし日の豊島弁財天。鳥居の下には小さな石橋があった。

2018年までは、突き当たりにそびえる擁壁を見上げると、水源に祀られた豊島弁財天の祠が見えた。

弁財天は村人が湧水を祀ったものと伝えられ、戦前までは栗山弁財天と呼ばれていた。古い石造りの祠で、その周囲には浅い池のような窪みがあり、小さな石橋も置かれていた。ただ弁財天は川の流れる崖の上にあり、どのように水が湧いていたのかは不明だ。現在弁財天の祠は氷川神社に遷座し、跡地は住宅となり、近くの弁天通りにその名が残るだけだ（写真⑬⑭⑮⑯）。

谷戸の川

最後は練馬駅の北東を流れていた川だ。この川周辺の地名は「谷戸」（谷戸前、谷戸山）で、「○○が谷戸」などと冠がついていないのが特徴だ。ほかと区別する必要がなかったということは、それだけ古い地名だということだろう。事実、谷戸を囲む丘の上には古くから集落があり、鎌倉時代の板碑が多く発掘されている。鎮守社である練馬白山《はくさん》神社には、樹齢900年以上と推定される大ケヤキがあり、伝承によれば、永保《えいほう》3年（1083）に源義家《よしいえ》が植えたものの1本だという。伝承の真偽は定かではないが、当時の集落の生き証人の木であることは間違いない。

谷の流れは千川上水の水路にきわめて近いところから始まるが、公式な分水の記録はない。谷戸の幅はこれまでの五つの川の中でもっとも広く、谷底全体が水田として利用されていた。その大部分は、谷戸ではなく狸が谷戸支流と同じ栗山に属していた。

谷戸の集落は谷の源頭の斜面を囲むように広がっていた。14～15世紀頃より皮革加工を生業としており、江戸時代には武蔵国西部と浅草の皮革業をつなぐ要地となっていた。明治以降は軍靴や草履表の生産地となったが、市街地化や差別により徐々に減っていき、昭和初期にはなくなった。現在その面影はない。

1960年代に入ると、水田は埋め立てられて、羽沢と同じく都営アパートとなっている。そして、1970年代後半から川は暗渠化されていく。水田を挟んで流れていた川の跡は、先になくなった東側は車道として、のちまで残った西側は路地や遊歩道として、たどることができる。後者の暗渠は谷の西側の崖下に沿って、北へと下っていく。護岸の痕跡、大谷石の擁壁、路上を覆う木、マンホールなど、暗渠らしい風景が続いている（写真⑰⑱⑲）。

紹介した五つの暗渠は、いずれも長さ1キロほどの短いものだが、かつての地名からイメージを膨らませながらたどってみると、その地形や来歴が感じられるのではないだろうか。

⑰西武池袋線の高架脇、道路が大きく窪み谷戸の存在を示す。右側に下ると暗渠が始まる。

⑱苔の緑が侵食する擁壁や、暗渠上に覆い被さる木が、水が流れていた頃を彷彿させる。

⑲暗渠は谷戸の西側崖下を遊歩道となって下っていく。右側の都営アパート敷地はかつての谷戸田だ。

6 石神井川の源流を探して——旧石器時代から続く人と水のかかわり【小平市】

錯綜する「源流」の位置

石神井《しゃくじい》川は小平市、西東京市、練馬区、板橋区、北区に跨がり、全長25キロにわたって流れる。都内北部の代表的な中小河川だが、その源流は明確ではない。資料によって「小平市鈴木町」「小金井カントリー倶楽部敷地内の湧水」「小平市御《み》幸町《ゆきちょう》」などと少しずつぶれ、さらには途中にある富士見池や三宝寺《さんぽうじ》池、石神井池をその源流と記すものもある。このように諸説が錯綜する中で、石神井川の源流は果たしてどこだったのかを本稿では探っていく。

武蔵野台地上には、標高50メートルと70メートルの二つのラインに集中して、台地上を流れる中小河川の源流が分布している。このうち50メートルのラインはかつて豊富な湧水を誇り、今でも神田川水系の源流である井《い》の頭《かしら》池、善福寺《ぜんぷくじ》池、妙正寺《みょうしょうじ》池などといった名残の池が残っている。

石神井川上流沿いにある三宝寺池もその一つで、かつては池から豊富な湧水が流れ出し、石神井川に合流していた。三宝寺池に隣接する石神井池は、昭和初期にこの流れを堰き止めて造られている。そして、この三宝寺池からの流れが本流、石神井川の本流とみなされていたようだ。

三宝寺池より少し上流寄りに位置する富士見池も50メートルラインの湧水池で、以前は灌漑用の溜池「関の溜井」だった。ここから三宝寺池からの流れに合流するまでの石神井川は「石神井用水」と呼ばれていた。

富士見池よりさらに上流の区間は「悪水堀」と呼ばれていた。水が少なく灌漑や生活に利用できなかったためだ。石神井川の源流とされる小平市鈴木町や御幸町付近は、標高70メートルのラインに属している。このラインから始まる川の多くは、谷は刻まれているものの、川の水量は少なかった。「悪水堀」の区間もその一つだ。

このように、上流部が区間によって異なった呼び名だったことも、水源流の場所が諸説入り混じる背景にあったのだろう。

「上流端」より上流の痕跡

現在、石神井川をたどっていくと、小平市花小金井南町1―2の、小金井公園の小平口前まで遡ることができる。そこにはコンクリート張りの水路脇に「上流端」の標識が立っている（写真①）。河川管理上は、ここが公式な源流となる。しかし、実際にはさらに上流に、コンクリート蓋の幅広の暗渠が続いている（写真②）。嘉悦《かえつ》大学の敷地に突き当たると、その先には自然のままの、しかし水の流れない川が現れ、会員制

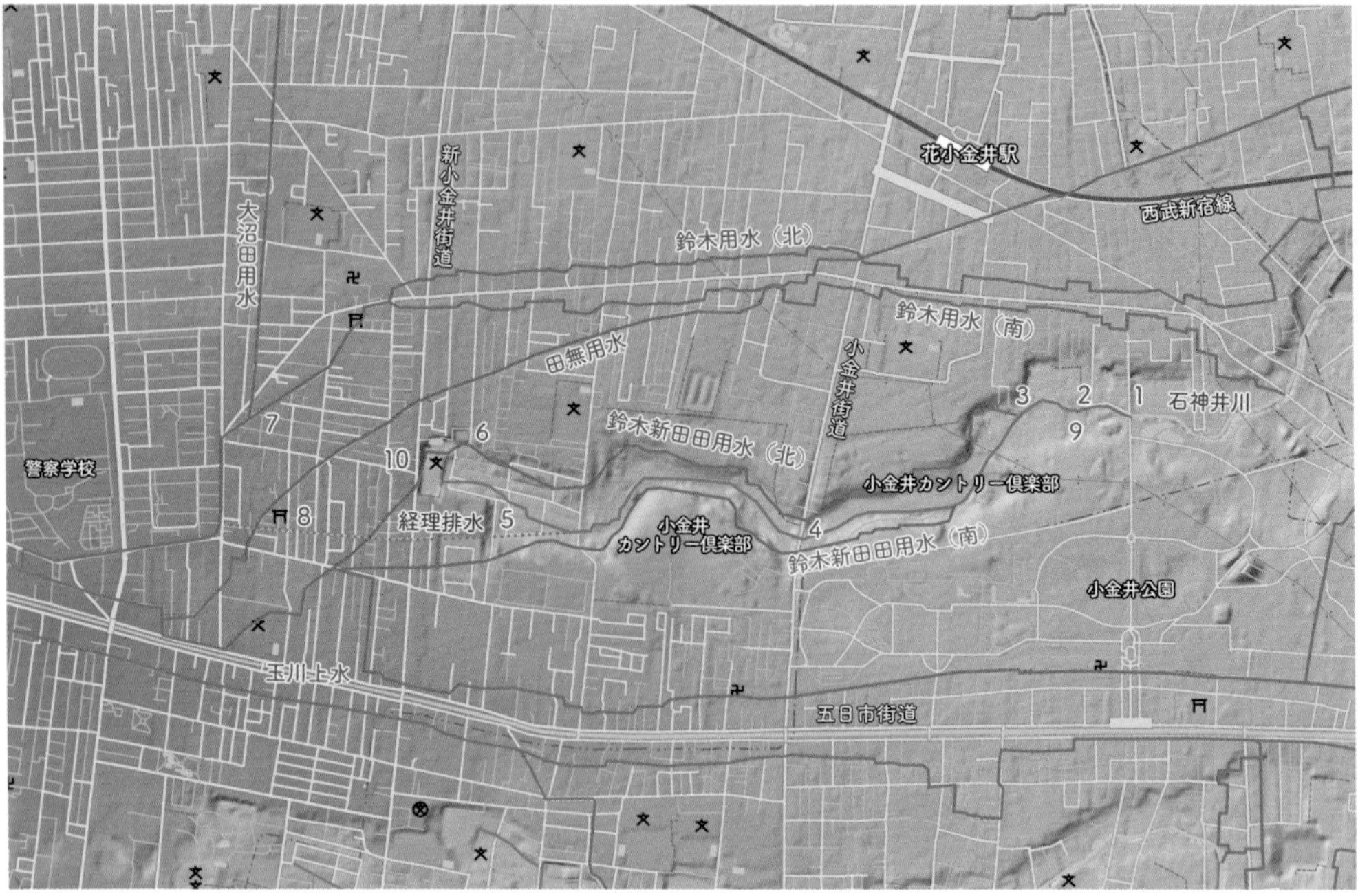

①小金井公園北側入口に立つ標識。ここが現在の公式な「石神井川上流端」だ。川の水は涸れていることが多い。

③嘉悦大学の敷地内から小金井カントリー倶楽部にかけて、自然のままの石神井川の水路が残っている。ふだんは空堀になっているが、都内各地で湧水が多かった 2019 年秋には流れが復活した。

②上流端の先に、幅広のコンクリート蓋暗渠が 100 メートルほどさらに続いている。

ゴルフ場「小金井カントリー倶楽部」の敷地内へと消えていく（写真③）。

カントリー倶楽部の敷地内に入ることはできないが、航空写真で確認すると、谷底を流れる水路が見える。そして、敷地を南北に横切る小金井街道からは、谷底にコンクリートに囲まれた水路が垣間見える（写真④）。

小金井街道より右側のカントリー倶楽部敷地は「小平市御幸町」に属している。ここも源流といわれる場所の一つだ。その西側へ回り込むと、三方を囲まれた窪地となっている。こちらは「小平市鈴木町」だ。水路の痕跡を探すと、窪地の一角に「下水道管理用地」と記されたスペースがあり、その奥には未舗装の空き地が続く

④小金井街道が石神井川の谷を横切る一番低い地点に、コンクリートに囲まれた水路が見える。

⑤小金井カントリー倶楽部の西側、鈴木町の窪地の路上に「下水道管理用地」と記されたスペースとそこから続く未舗装の空き地がある。

（写真⑤）。ただ、この空き地をたどっていくと、窪地を抜けて平坦な台地の上に上がり、そこから先は緑道となって一直線に西に続き小平団地までたどり着いてしまう。詳細は後述するが、これは石神井川とは別の水路だ。

旧石器時代から江戸時代以前にかけての源流部——鈴木遺跡

石神井川の谷の源頭にあたるこの窪地は、現在は武蔵野団地と呼ばれる住宅地となっている。川はおろか、水の気配もあまりないが、1万年前まで遡ると、そこはたしかに豊かな水が湧き出す石神井川の源流であった。そして武蔵野台地上の貴重なオアシスのようなその水源を囲むようにして、集落が形成されていた。その痕跡が鈴木遺跡だ（図1）。

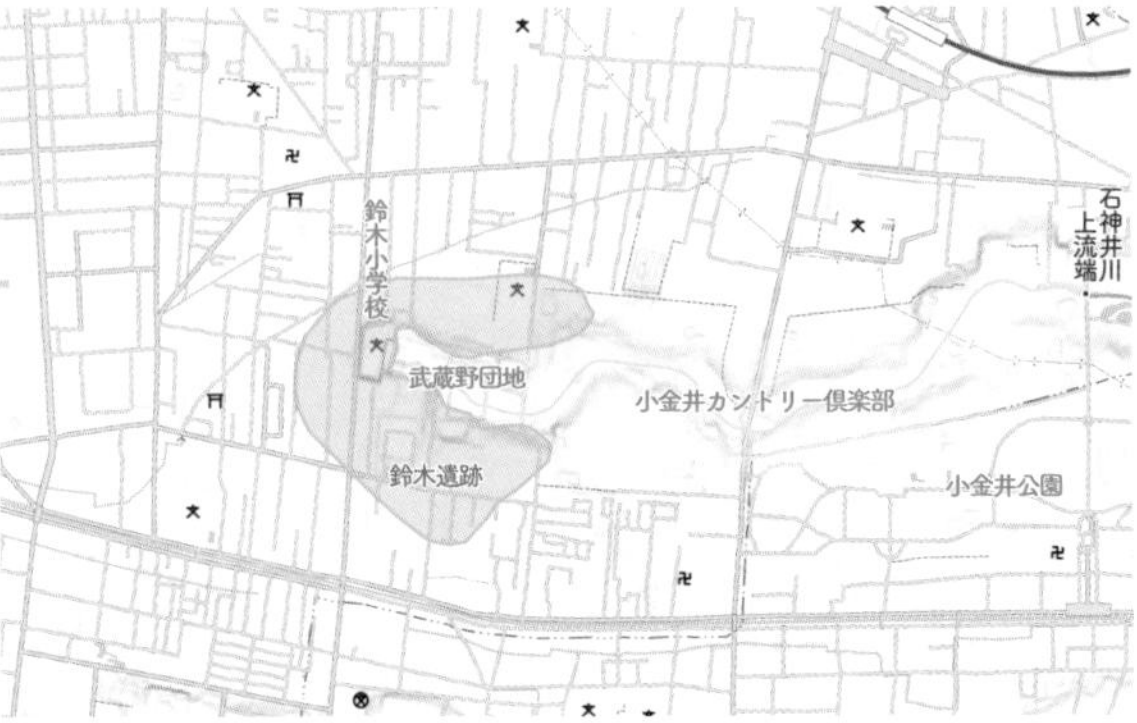

図1　鈴木遺跡の範囲
鈴木遺跡は石神井川の谷の源頭を囲むように広がっていた。

小平市鈴木町に位置する「鈴木遺跡」は1974年（昭和49）、谷の源頭にあたる窪地に鈴木小学校が建設された際に発見された。旧石器時代後期、3万年前から1万年前の遺跡で、川の源流を囲むように台地上に広がる遺跡の規模は20万平方メートル以上と、関東最大級の遺跡となっている（写真⑥）。

この時期は最終氷期の後半にあたり、海面は今よりも100メートル低かったというから、遺跡近辺の標高は170メートルほどと、現在の青梅《おうめ》のあたりと同じとなる。そこで湧き出ていた水はおそらく多摩川の扇状地に湧き出す伏流水で、水量も豊富だったのだろう。東京都で唯一「平成の名水百選」に選ばれている東久留米市の南沢湧水群（落合川の源流の一つ）のように、大量の地下水が一度に地上に姿を現していたのではないか。

⑥窪地北側の擁壁。草の生える斜面は、４箇所ある鈴木遺跡の保存区画のうちの一つだ。

周囲に水を得られる場所がなかったことから、人々は非常に長い期間にわたってこの一角に暮らしたり、立ち寄ったりした。出土品は石器だけでもじつに4万点にのぼり、火を使用した跡や調理場の跡も発掘されている。

だが、縄文時代に入ると、水の湧出地点はかなり東、現在の小金井街道付近へと移り、人々が生活するのに十分な水が得られなくなったという。そのため、鈴木遺跡周辺は生活の場から狩猟採取の場に変化した。そして弥生時代になり農耕社会となると、水に乏しいことから、一帯に人々が定住することはほとんどなくなり、この状態は江戸時代に入るまで続いた。

武蔵野台地中央部にはいくつか窪地があり、それらは降雨後しばらくすると水が湧き出し、数週間すると消え去ってしまう「野水《のみず》」が出る場所だった。縄文時代以降の石神井川源流の谷も、そういった場所の一つとなっていたようだ。

江戸時代から明治時代にかけての源流部 ——「鈴木新田田用水」と鈴木田んぼ

1653年（承応《じょうおう》2）、江戸市内への給水を目的とした玉川上水が武蔵野台地の中央を貫くように開通すると、この水を分水し飲用水を得ることで、ようやく武蔵野台地中西部に集落が形成されるようになった。

江戸時代中期、「享保《きょうほう》の改革」の時代には、幕府は税収増加を狙って、武蔵野台地の新田開発を奨励した。新田といっても水田を作るわけではなく、畑をともなう集落の開拓である。開発にあたっては飲水の供給源として玉川上水が活用され、いくつもの分水が開削された。これらの分水は利用料の徴収が免除され、入植した住民は無料で用水を利用できたという。

長らく人の暮らしの途絶えた石神井川源頭付近も、この新田開発により、ようやく再び人が暮らしはじめることになる。貫井《ぬくい》村（現・小金井市）の名主・鈴木利左衛門《りざえもん》が中心となって、現在の小平市鈴木町、御幸町、花小金井南町にあたる一帯に「鈴木新田」を切り拓く。その飲用水として1730年（享保15）、「鈴木用水」（「鈴木新田・野中新田組合飲水」）が開通する（写真⑦）。

⑦鈴木用水と大沼田・野中用水の分岐。鈴木新田田用水は姿を消したが、鈴木用水は今でも途中まで水が流れている。

この時期、旧石器時代の人々が暮らした石神井川源頭部から、現・小金井カントリー倶楽部にかけての谷戸は、「長《なが》久《く》保《ぼ》」と呼ばれる低湿地となっていた。鈴木新田の大部分は台地上の畑地であったが、この長久保に水田を拓くべく、1734年（享保19）に玉川上水よりもう一つの分水「鈴木新田田用水」が引かれる（図2）。

図2　明治中期の推定水路図
鈴木新田田用水廃止直前の、石神井川源流付近の水路図。石神井川源流部及び鈴木新田田用水は現在ほとんど痕跡がないため、地籍図などから流路を推定した。鈴木用水、田無用水は今も水路が残る。

用水は石神井川の谷の手前で源頭を囲むように南北

に分かれ、谷戸の両縁を流れて谷底に開拓された「鈴木田んぼ」を潤した。谷底中央の石神井川の流路は水田の「悪水路」（排水路）として利用され、また用水の流末も石神井川に合流していた。そこには動脈と静脈のような関係が見てとれる。この分水の開通により、石神井川源流部は再びある程度水量を増したと思われる。南側の水路沿いには廻田《めぐりた》新田も拓かれ、乾いた台地の一角の窪地に水田が生まれた。

　北側の水路には、石神井川の谷へと下りていく高低差を利用して、水車が3箇所ほど設けられた。その中の一つ、現在の鈴木小学校の体育館付近にあった「定右衛門水車」は、当初は粉挽《こなひ》き水車だったが、幕末の1855年（安政《あんせい》2）には外国船来襲に備えて火薬を作る「焔硝合薬搗立所《えんしょうごうやくつきたてじょ》」となり、幕府により直径6・6メートルの巨大な水車が設置される。翌年には爆発事故を起こしてふつうの水車に戻ったが、幕末の世界情勢が石神井川源流部にも影響を及ぼしていたことになる。

　なお、鈴木小学校の建設時にこの水車の遺構が発見されたことがきっかけとなって一帯の発掘調査が始まり、鈴木遺跡の発見につながった。意図せずして日本の旧石器時代解明にも大きく寄与した水車だといえよう。

鈴木新田田用水の廃止以降と「経理排水」の開通

　明治時代の後半になると、東京市の人口増加により、飲料水である玉川上水の水が逼迫《ひっぱく》してきた。市は水を確保するため、分水路の水利権を買い取る打診を行った。鈴木田んぼの耕作者たちがこれに応じたことで1908年（明治41）、玉川上水から鈴木新田田用水への送水は止められた。

　この結果、水の供給が絶たれた石神井川源流部は、再び水量が減る。わずかにあった湧水の水量は不安定で、好天が続くと涸れ、大雨が続くと谷底が何日も水浸しになるといった状態だったようだ。鈴木田んぼは耕作に十分な水を得ることができなくなり、次第に放棄され、葦《よし》の茂る荒地になっていった。

⑧経理排水の暗渠は緑道となって台地の上に続いている。東へ進んでいくと写真⑤の「下水道管理用地」にたどり着く。

1937年（昭和12）には、長久保の斜面を利用した小金井カントリー倶楽部が開設された。その際、元・鈴木田んぼも源頭部以外は買収されて埋め立てられ、ゴルフ場の敷地となった。敷地内の石神井川の一部は、この時に暗渠になったようだ。また、1940年（昭和15）には、カントリー倶楽部の南側から東側に隣接した土地が「小金井大緑地」（現・小金井公園）として整備された。

送水の止まった鈴木新田田用水は、南側水路は廃れていったが、北側水路は湧水があり、1940年代までは流れが見られた。しかし、戦時中から戦後にかけて、食糧難により耕作地を得るために水路は埋め立てられてしまったという。

1942年（昭和17）には、源流の西方の台地上に陸軍経理学校が開設される。その際、敷地の排水先を確保するため、石神井川につながる「経理排水」が造られた。この水路は石神井川の谷頭まで暗渠で続き、そこから開渠になって、小金井カントリー倶楽部内で石神井川に接続されていた（写真⑧）。これにより、石神井川に新たな水源が生まれることとなる。経理排水は、戦後には流域の排水路となり、1958年（昭和33）の日立電子（現・日立国際電気小金井工場）設立後は、電子部品の洗浄水も流されるようになる（図3）。

新たな水源になった「石神井幹線」

鈴木町の石神井川源頭部の窪地は、戦時中から戦後にかけて、食糧難により耕作地を得るために整地され畑となった。残っていた鈴木新田田用水の北側水路は埋め立てられ、かつての石神井川源流であった悪水路は、経理排水につなげられたようだ。

１９６０年代に入ると、畑は武蔵野団地として整備された。この時には悪水路も埋め立てられ、１９７０年代初頭になると経理排水も暗渠化される。こうして源流部の水路は消滅した。

図3　鈴木新田田用水の廃止と経理排水
戦前、経理排水開通期の、石神井川源流付近の水路図。経理排水と、鈴木田用水北側水路、そして本来の石神井川源頭の三つが川の水源となっている。あとの二つは戦後埋め立てられてしまう。

ではこれより下流の、小金井カントリー倶楽部敷地内の石神井川はどうなったのか。古地図を確認すると、１９５６年（昭和31）の地図では、まだ小金井街道西側の敷地内に断続的に水路が顔を出している様子が確認でき、池から川が流れ出して、小金井街道を越え東側の敷地内を流れている様子も描かれている。１９７０年（昭和45）の地図になると、池から流れ出す部分はなくなり、そして１９７０年代半ば以降の地図では西側敷地内の水路はすべてなくなって、東側敷地内のみとなる。自然の水源が失われ、暗渠化されていく過程がうかがえる。

⑨ 1993 年の石神井川上流部。まだ下水が流入しており、濁った水が流れていた。

一方で、１９６０年代以降、急速に進む宅地化に対する下水道整備の遅れにより、石神井川に流れ込む生活排水の量は増えていた。１９９０年（平成２）には下水道普及率が１００％となり、２０００年代初頭には雨水と汚水を分けて流す分流式の下水道の整備が進んで、ようやく石神井川に下水が流れ込むことはなくなった（写真⑨）。ただ、それは皮肉にも、石神井川の主水源がなくなったということでもあった。湧水も涸れ、下水も流れなくなった石神井川の上流部は、ふだんは水の流れない川となった。

　しかし、水は湧かずとも、谷の地形は残っている。大雨の際には水が谷底に集中する。この雨水を流すため新小金井街道以東の経理排水は雨水管となった。さらに2000年代半ばにかけて、小金井カントリー倶楽部内の石神井川流路の直下、地下4メートルほどの場所に雨水管「石神井幹線」が増設された（図4）。この雨水管は雨水の貯留池の役割も兼ねており、管内に溜まった雨水は通常月2回、ポンプで汲み上げられ、石神井川に放流されている。こうして三たび、人工的な石神井川の水源が生まれる。おそらくこの工事の前後に、小金井カントリー倶楽部東側の敷地内にゴルフコースの点景として残された水路は、石神井川と切り離されている。

古代の泉

　このように源流部の変遷を追ってみると、鈴木町が明確な源流といえたのは、縄文時代以前までであること、江戸期以降は現在に至るまで、人工的な水路が主な水源と

図4　石神井幹線
石神井幹線の経路図。かつての石神井川流路の直下に造られたため、自然河川のような形をしている。

なっていたことがわかる。そして、現在の石神井川が流れ出す「源流」といえるのは「石神井幹線」から汲み上げた雨水が流れ出す、小金井公園北側の石神井川暗渠の出口、小平市花小金井南町ということになる。そこは、結局は「石神井川上流端」の看板が建ってい

る場所でもある。

　現在、石神井川の鈴木町の源流部には川の遺構はまったくなく、小金井カントリー倶楽部の中に残った水路の様子もうかがい知ることはできない。鈴木新田田用水はわずかに土地の区画に痕跡が残るだけだったが、近年、農林中央金庫研修所跡の発掘調査で南側水路の遺構が発見され、鈴木遺跡資料館に断面標本が保存された。

　鈴木遺跡は、日本の旧石器時代を語る上で欠かせない遺跡として、2021年に国史跡に指定された。今後、農林中央金庫研修所跡地の一部を、鈴木遺跡の保存区とするべく計画が進んでいる。

⑩鈴木小学校の「古代の泉」。黄色い矢印が指す地点から水が湧いている。

　そして今なお、旧石器時代の人々が暮らした水はひそかにその地に湧き続けている。1970年代前半まで、鈴木町の源頭部東端の崖下には、わずかに湧水が見られたという。鈴木小学校の造成によりこの湧水は消滅したが、2007年（平成19）、小学校の敷地内に再び水が湧き出した。

　この湧水は「古代の泉」と名づけられ、幅2メートル、奥行き70センチほどの小さな池に整備された（写真⑩）。金魚やメダカが泳ぐこの水が「石神井幹線」に流れ込んでいるとすれば、今でも3万年前と変わらずに、石神井川の最初の一滴は鈴木町から流れ出しているといえそうだ。

7 白子川於玉ヶ池支流と幻の兎月園——夢と挫折を秘めた暗渠【練馬区】

光が丘から流れ出す川

練馬区の北辺、板橋区と和光市との境界付近にある光が丘には、広大な公園と団地が広がる。そこは50年ほど前まで米軍住宅「グラントハイツ」があり、さらに戦前は陸軍成増《なります》飛行場だった土地だ。かつて、そこから流れ出し、白子川《しらこ》に注ぐ小川があった。源流の池の名前から仮にその川を「白子川於玉ヶ池支流《おたまがいけ》」としよう。そして戦前の一時期、川の流れる谷を囲むように「兎月園《とげつえん》」と呼ばれる遊園地があった。失われた川の流れを追いながら、今はなくなってしまった風景を探ってみよう。

白子川於玉ヶ池支流と兎月園

川の源流「於玉ヶ池」は、現在の光が丘公園北部付近にあり、東西20メートル、南北40メートルほどの楕円形をした池だったという。白子川の支谷が台地に食い込む場所で、池よりさらに南側にも谷筋が続き、林や畑が広がっていた。しかし昭和18年（１９４３）、陸軍成増飛行場建設にあたって一帯は大規模に造成され、於玉ヶ池は谷ごと埋め立てられた。そして同じ頃、川沿いにあった「兎月園」も短い歴史を閉じた。

兎月園は、当時豊島園《としまえん》と並ぶくらい知名度のあった遊園地で、大正10年（１９２１）に、貿易商・花岡知爾《はなおかともちか》が開設した会員制農園「成増農園」がその始まりだ。農園は華族など、都心の富裕層の日曜菜園として開園した。周囲に休憩できるような施設が何もないことから敷地内に茶店が設けられ、やがてこれが発展した料亭を中核にして、兎月園が開設されたという。個人経営だったこともあってか、詳細については最近まで謎が多く、開設時期も大正12年（1923）と推測されているが、正確なところはわからない。

開園にあたって花岡は、旧知である東武鉄道の創業者・根津嘉一郎《ねづかいちろう》に協力を仰ぐ。『東武鉄道百年史』には、会社として取り組むだけの規模ではないため、根津が個人で共同事業としてかかわった二つの事業の一つとして、兎月園の記述がある。

遊園地は、於玉ヶ池支流の谷を利用した庭園と料亭、そしてその南側の台地上の遊園で構成されていた。庭園には於玉ヶ池支流を堰き止めて池が造られ、滝や湧水の水飲み場が設けられた。そして池を囲むように100畳間を有する料亭本館と12棟もの離れが配され、温泉もあった。台地の遊園には運動会や催事用の広場、猿や熊、兎、ポニーなどのいる小動物園、有料の遊具を配した小遊園、花園といった施設が設けられ

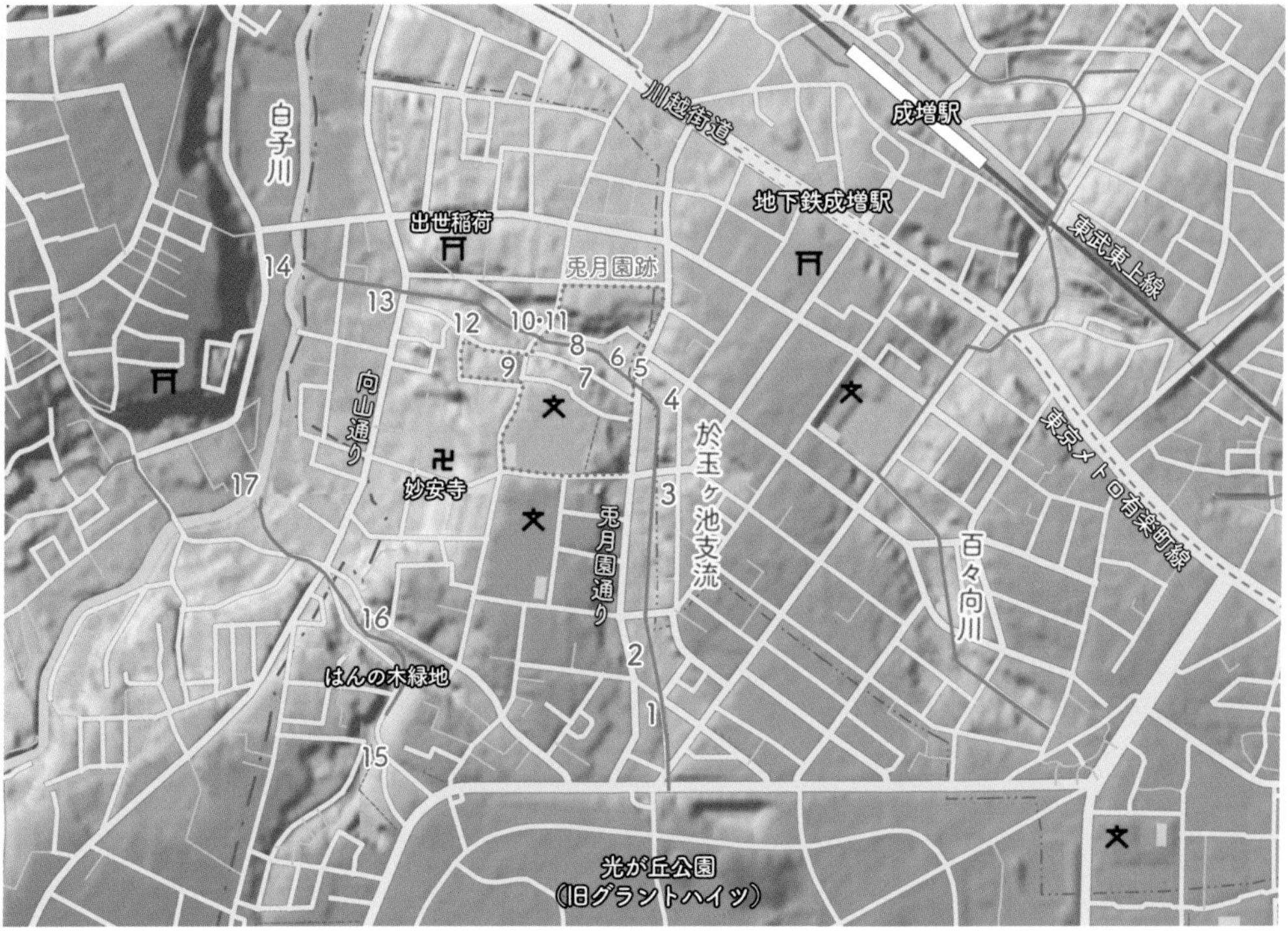

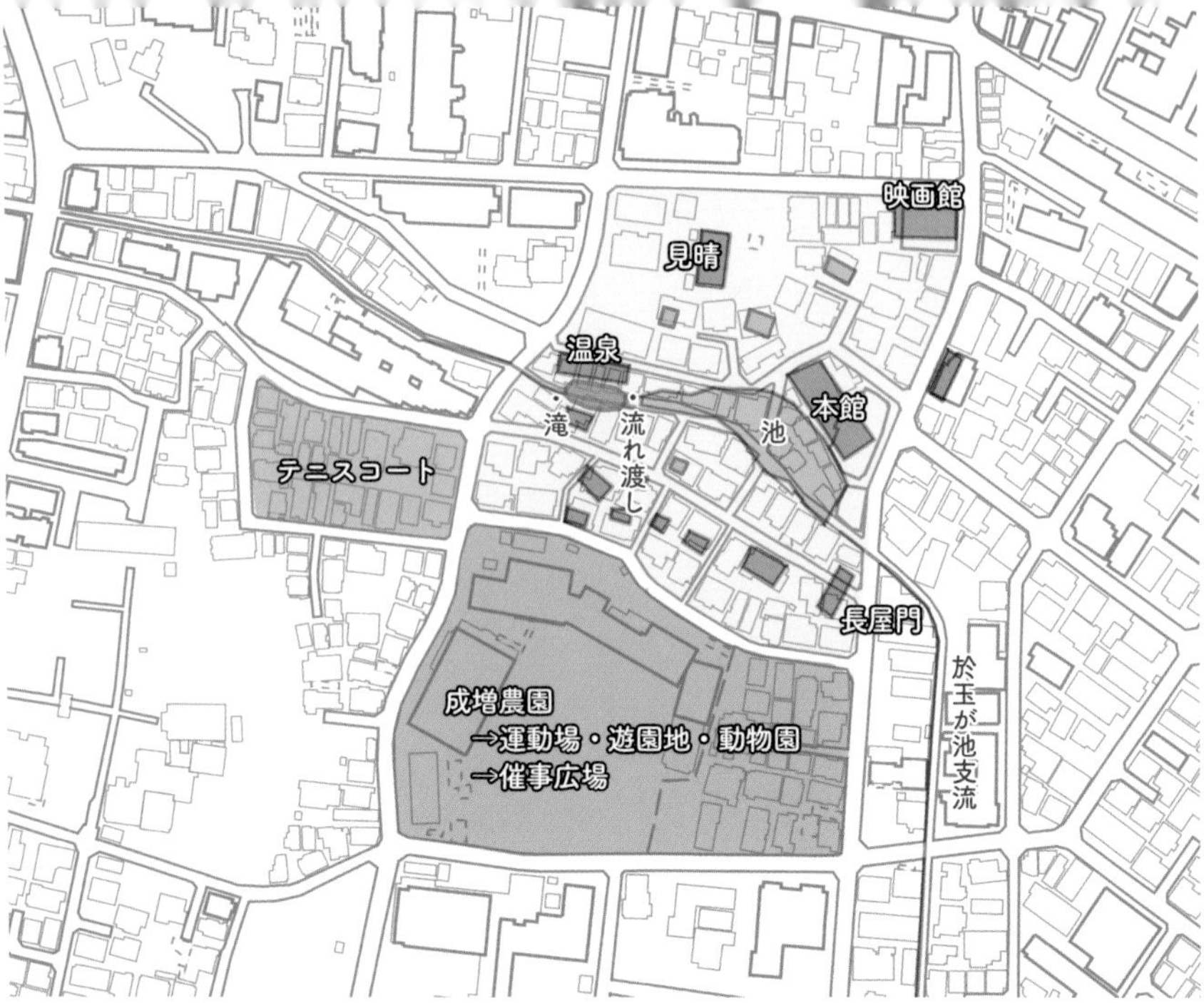

図１　兎月園内の施設配置概略図
「山之内光治　2007「光が丘の地歴図集」改訂増補等を参考に作成

た。

設備の拡張とともに、兎月園はやがて行楽地として賑わうようになった。正門前には茶店や仕出し屋、土産物屋が並び、隣接して映画館も造られた。池袋からは東武東上線のほか、直通のバスも運行され、遠足の行き先にもなった。

一方で料亭は、華族、政治家、財界人、皇族などの利用が多く、1926年（大正15）の豊島園開業後は、高級料亭として経営をシフトしていく。1932年（昭和7）には北村西望《きたむらせいぼう》の手による高さ49メートルもある日本一の大仏造立が計画され、兎月園の前途は順風満帆に見えた。

兎月園の閉園

しかし、戦時色が色濃くなる中、兎月園は東条英《とうじょうひで》機《き》など、軍人の利用が増えていき、やがて閉園を余儀なくされていく。

閉園の時期や経緯についても、今まではっきりとしていなかったが、近年の調査で１９４３年（昭和18）の秋に、花岡の知己だった明電舎《めいでんしゃ》の社長を通じて、施設はそのままに、明電舎の工員訓練場として明け渡したことが判明した。庭園を流れる於玉ヶ池支流の源流が成増飛行場の建設で失われたのと、ちょうど同じ時期だ。

ただ一方で、成増飛行場の特攻隊が、特攻の前夜に兎月園で楽しんでいたとの聞き書きも残っている。飛行場に特攻隊が組織されたのは１９４４年（昭和19）秋だ。明け渡しののちも、料亭が成増飛行場との関連でひそかに営業を続けていたという可能性はないだろうか。兎月園に関して、各所が黒塗りされた資料があるとの話もあり、そこには何か秘密めいた気配も感じられる。

成増飛行場は戦後アメリカ軍に接収され、１９４８年（昭和23）、広大な米軍住宅地「グラントハイツ」となる。この頃の航空写真を見ると、於玉ヶ池支流の上流部がグラントハイツの敷地に少し食い込んでいる様子が写っている。雨水や、なお残る湧水が流れていたのだろうか。兎月園の敷地は兎月園の建物をそのまま利用して明電舎の社宅となったが、於玉ヶ池支流を堰き止めた池には徐々に葦が茂り、埋まっていったという。

グラントハイツは１９５０年代末から部分的に返還が始まったものの、すべての土地の返還は１９７３年（昭和48）にようやく完了した。広大な敷地の南側は都営住宅と公団住宅の団地（１９８３年〔昭和58〕入居開始）に、そして北側が光が丘公園（１９８２年〔昭和57〕部分開園）となった。一方、兎月園だった一帯は宅地化が進み、かつての建物は60年代末には取り壊され、於玉ヶ池支流の流れも70年代以降、暗渠化された。

暗渠をたどり、兎月園を追う

現在於玉ヶ池支流の暗渠は、光が丘公園の北側出口を出てすぐに始まっている。最初は車道だが、少し北上した旭町２丁目アパートの脇から、シンプルな車止

①旭町２丁目アパート脇の暗渠路地の始まり。左右を見ると谷となっていることがわかる。

③板橋区と練馬区の区界となっている区間。大半は遊歩道として整備されている。

②両側の土地とはわずかながら高低差があり、勝手口にコンクリートブロックの階段が置かれている。

めの立てられた路地に変わる（写真①）。暗渠は北に向かっていく（写真②）。このあたりの水路がまっすぐなのは、昭和初期の区画整理事業（赤塚第一、第二土地区画整理組合）によるもので、一帯は風光明媚《めいび》な住宅地として売り出されたという。

途中からは板橋区と練馬区の区界となり（写真③）、整備された遊歩道になって北西に向きを変える（写真④）。「兎月園通り」と交差する向こう側がかつての兎月園の敷地だ（写真⑤）。通りを右へ行くと正門が、すぐ左には長屋門があった。長屋門は勝海舟《かつかいしゅう》の赤坂邸から移設したもので、石神井《しゃくじい》の三宝寺《さんぼうじ》に移設されて現存している。

兎月園通りから暗渠を下って、いったん平坦になったあたりから池が広がっていた（写真⑥）。池の大きさは、長さ１００メートル前後、幅30メートル前後ほどと思われる。池を挟む斜面には数寄屋造《すきやづくり》の離れが点在し、それらのあいだの移動には担ぎ駕籠《かご》が使われた。今では静かな住宅地となり、当時を偲ばせるものはない。写真⑥の左奥、池畔《ちはん》に見える立派な藤棚は、現在、

④台地上から川に下る斜面の一部が残っている。以前は草地だったが、現在は人工芝で覆われている。

⑤兎月園通りを横切って暗渠を下った先に、兎月園の庭園と池があった（写真奥）。

⑥昭和初期刊行と思われる兎月園の絵葉書に、池が写る。池北側の大宴席から、南に向かって撮影されたものだ。丘の上には茅葺の離れが並ぶ。
（出典「兎月園絵葉書」江戸東京博物館蔵）

⑦池があった谷底に下る階段。かなり急だ。

練馬東小学校に移設されて区の文化財になっている。

暗渠の谷の南側はかなり急で、いくつか階段が設けられている（写真⑦）。背後の丘の上、現在の豊渓《ほうけい》中学校の敷地がかつての催事広場と小動物園、小遊園だ。広場ではボクシングや相撲の興行、サーカスや大学ラグビーの試合が催された。

池がなくなった後、川はコンクリートの梁《はり》を渡した水路に改修される。暗渠化される直前の流路をアスファルトの継ぎ目が示している（写真⑧）。少し進むと暗渠には雑草が生い茂り、立ち入ることができなくなる。兎月園の池はこのあたりで川を堰き止めて水を溜めていたようだ。池から流れ出る水は渓流となっていて、右側には露天の岩風呂を有する温泉があり、渓流や滝を眺められるようになっていた。今の風景からはとても想像がつかない。

暗渠は通り抜けられないので、先ほどの階段を登って西側に回り込む。谷を横切る道からは谷筋の窪地がはっきりわかる（写真⑨）。道の右側の手前から奥に見えるマンションの手前までが兎月園の料亭部分の敷

⑧水路の跡の幅だけ、アスファルトの舗装が違っている。よく見ると車止めも一応設置されている。奥は藪に覆われ入れない。

⑩暗渠を上流方向に望む。写真左側のあたりに四阿があって、その奥には温泉、そして右側の奥には宴席用の離れの一つがあったという。

⑨於玉ヶ池支流の谷を横切る坂道。アップダウンから、急な谷地形がよくわかる。

⑪下流側は遊歩道となっている。階段を下っていく。

地だった。坂を下った地点に先ほどの暗渠の続きがある。道路や両側の土地は盛り土がされているのか、暗渠の底はかなり深い（写真⑩）。

　これより下流側の暗渠は、再び遊歩道となっている。道路から本来の川面の高さまで階段で下っていくと（写真⑪）、下った右側の家の庭に湧水を利用した小さな池が見える。左岸側は急峻な擁壁となっているが（写真⑫）、その上は兎月園のテニスコートがあった場所だ。暗渠はバス通りを横切り、先へとさらに下っていく（写真⑬）。バス通りに面した北側の台地の斜面には出世稲荷が鎮座しており、境内にはかつて兎月園にあった大鷲《おおとり》神社の祠《ほこら》も祀られている。

　やがて暗渠の道は白子川に突き当たって終わる。川の向こうは埼玉県だ。柵から下を見ると、かつての暗

⑫暗渠沿いは深い谷で、かつては鬱蒼とした森林の斜面となっていた。

渠の出口を塞いで、新しい弁つきの排水口がつけられており、そして白子川に合流するまでの数メートルの区間だけは、水路が残されている（写真⑭）。

はんの木緑地の谷と花岡学院

兎月園のあった於玉ヶ池支流の西側、現在「旭町はんの木緑地」となっている谷にもかつて川が流れ、そこにまつわる歴史があった。兎月園の主、花岡知爾の兄で小児科医の花岡和雄が、大正14年（1925）、ここに寄宿制の私立小学校「花岡学院」を開く。広大な敷地内にはモダンな校舎や体育館、湧水を利用したプールなどが点在し、鷺《さぎ》の池と呼ばれた湧水池や、そこから流れ出す「ほたる川」など自然も豊かで、夏期には林間学校も開校されていた。

自由で伸びやかな教育を実践していたが、こちらも激化する戦況の中で経営が立ち行かなくなり、神田区へ寄付されて武蔵健児学園となった。そして終戦後、敷地は米軍に接収され、湧水や川はつぶされてグラン

⑬暗渠入り口の右側の民家ではかつて川に直径 2.5 メートルの水車を掛けていた。現在は、土支田農業公園に移設保存されている。下り坂となっている暗渠の先には白子川沿いの段丘斜面の緑が見える。

⑭白子川との合流地点の手前だけ、申し訳程度に水路が残っている。

トハイツの汚水処理施設が造られてしまった。施設では大量のハエや悪臭が発生し、１９６０年代には大きな問題になったという。

谷は返還後、公園となった。川の流れはなくなったが、わずかに残る湧水で小さな池が造られている（写真⑮）。そして谷には人工のせせらぎやとんぼ池が設けられ、学園時代を偲んでいるかのようだ（写真⑯）。白子川沿いには、排水路と化した後の合流口の痕跡が残っている（写真⑰）。

兎月園創設者の花岡知爾と、その兄で花岡学院創設者の花岡和雄は、世界で初めて全身麻酔手術を成功させた江戸時代の外科医、華岡青洲《はなおかせいしゅう》の甥の血筋にあたるという。知爾は海外渡航経験もある貿易商、和雄は小児科医と、当時では進歩的な人たちだっただろう。そして兎月園も花岡学院も、そういった二人の資質が具現化した施設だったように思える。そしてそれらの試みは、戦争の荒波の中で挫折してしまった。花岡知爾は、兎月園の閉園と同時期に家族も亡くし、失意の中で昭和20年（１９４５）に亡くなったという。

⑮はんの木緑地には崖下に残る湧水を利用して、ビオトープの池が造られている。ただ、最近は水が涸れがちのようだ。

兎月園の名残も、そして花岡学院や成増飛行場、さらにグラントハイツの面影さえも、今ではほとんど感じられない。しかし、そこに秘められた歴史を想いながら暗渠をたどれば、その穏やかな景観を透過して、まぼろしの風景がぼんやりと浮かび上がってくるだろう。

⑯花岡学園があった幅広の深い谷。人工のせせらぎが設けられている。

⑰白子川沿いに、グラントハイツの排水路の合流口を塞いだ跡と水路の流末が残る。

8 麻布十番・六本木界隈の暗渠——失われた水・今も残る水　【港区】

華やかな街に刻まれている谷

麻布十番から元麻布、六本木にかけてのエリアは、鹿の角状に分かれる谷筋が台地に食い込む、特徴的な地形をしている。かつてそこにはいくつかの小さな川が流れていた。現在では大幅に地形が改変され、水の気配がなくなった場所もある一方で、今でも街の片隅でひそかに湧き出し、流れる水も残っている。失われた水、今も流れる水を追っていく。

藪下——再開発で失われた水

まず、水の失われた六本木側の支谷《しこく》だ。六本木ヒルズ一帯は、2000年（平成12）以降の大規模な再開

① 1997年、再開発が始まる直前の玄碩坂。現在「さくら坂」が通る付近にあった。

発でできあがった街だ。けやき坂とさくら坂に挟まれたレジデンス棟が建ち並ぶ場所は、再開発前は深い谷で、テレビ朝日通りから「玄碩坂《げんせきざか》」と呼ばれる急な坂が15メートルの高低差を下っていた（写真①）。そして谷底は藪下《やぶした》と呼ばれた静かな住宅地となっていて、古い木造家屋も多く、南側の旧・麻布宮村町の丘に上る風情のある石段がいくつか見られた。

この谷には昭和初期まで、湧水を集める小さな川が

あった。水路は玄碩坂のさらに北から始まり、谷底南側を抜ける道路沿いと、北側の崖沿いの２本に分かれて並行して流れていた。谷底では江戸後期から下級武士たちの副業として、湧水を利用した金魚養殖が始まり、明治初期の地図にはあちこちに金魚の池が描かれている。

明治後期には宅地化が進んで金魚池の大部分はなくなり、水路も路端の側溝に組み込まれて、暗渠になっていったようだ。それでも再開発の直前までは、１８４０年（天保《てんぽう》11）創業の金魚店「原安太郎商店」が残っていて「はらきんの釣り堀」として親しまれていた。そして向かいの谷の斜面は木の茂る大谷石の擁《よう》壁《へき》となっていて、崖下の側溝には湧水が流れ、誰かが放った金魚が泳いでいた。そこには、たしかに水の記憶があったのだ。

その風景は、岡本かの子の短編『金魚撩乱』（１９３７年）や、作詞家・松本隆のエッセイ「ピーター・パンの街」（１９７２年）に描写されている。しかし、六本木ヒルズの造成により、道路や地形は大きく改変され、

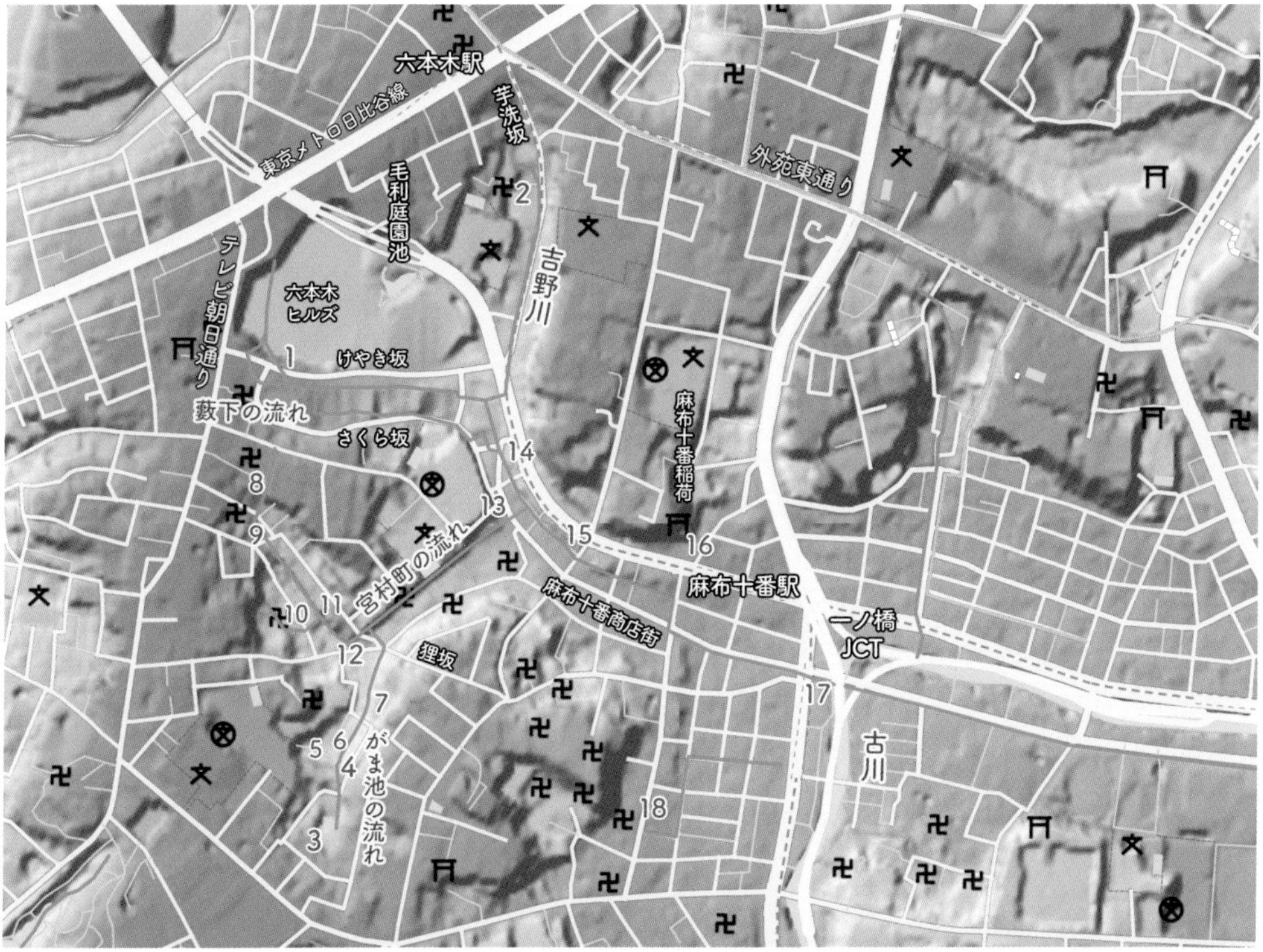

街の風景は跡形もなく塗り替えられてしまった。

日下窪――吉野川とニッカ池

六本木交差点から南下する芋洗坂《いもあらいざか》（写真②）沿いには「吉野川」と呼ばれた流れがあった。こちらも、地図にも記されないようなささやかな流れで、今や水の気配はまったくないが、地名と地形にその記憶を残す。坂が下る谷は「日ヶ窪《ひがくぼ》」と呼ばれていた。南向きのため日光をよく受け温かい窪地であったことがその由来とされる。今も谷は広く、深い。

②朝日神社と芋洗坂。神社の弁天池から道の左側に沿って流れ出していた。

　川の水源は、坂の途中にある朝日神社付近で湧き出した水だった。940年の草創当初は水と関係の深い弁財天が祀《まつ》られており、16世紀に稲荷が合祀されて日ヶ窪稲荷に呼び名が変わり、のちに朝日神社に改称された。明治半ばまでは境内に弁天池があったという。また、「芋洗」の坂名は、疱瘡《ほうそう》（天然痘《てんねんとう》）の治癒を神仏に祈願し顔を洗う「いもあらい」に関するという説や、毎年秋に朝日神社前の市で売るために、坂沿いの川で芋を洗っていたためとする説がある。いずれも水とのかかわりを由来とする説だ。

　吉野川に藪下の流れが合流していた地点の北側、六本木ヒルズの敷地内には「毛利庭園の池」がある。江戸時代、一帯は毛利家上屋敷で、その庭園にあった湧水池だった。屋敷の跡地は明治期の芳暉園を経て、戦後にはニッカウヰスキーが良質の地下水を求めて東京工場を開く。以後1967年に工場が移転してテレビ朝日の敷地になってからも、池は「ニッカ池」と呼ばれ続けた。六本木ヒルズが造成される頃には池の湧水はほとんど涸れ、ニッカ池は防護シートで覆われて「埋土保存」され、その上に2003年に新たに造られたのが現在の池となる。それはあたかも、池の暗渠のようでもある。

がま池—今も残る水

次に今でも水の残る元麻布側の支谷を見てみよう。元麻布2—10、麻布十番から西に延びる鹿の角状の谷の一つのどん詰まりには「がま池」と呼ばれる湧水池が、今もひっそりと佇んでいる（写真③）。池の名前は、生息していた巨大な蝦蟇《がまがえる》の伝説による。江戸時代、池を囲む一角は山崎家屋敷内となっていたが、ある日この蝦蟇《がま》が山崎家の家臣を食い殺してしまう。これに怒った山崎氏が退治をしようとしたところ、夢枕に蝦蟇の化身の老人が立ち謝罪して、償《つぐな》いに屋敷の防火を約束する。

③がま池。2020 年までは、コインパーキングから木々の間に池を確認できたが、現在は見えなくなっている。

のちに一帯が大火事となった時、蝦蟇が池から現れ、水を噴き出して延焼を防いだ。それ以来、池は蝦蟇池と呼ばれるようになった。池の水で溶いた墨《すみ》で「上」の字を書いたお守り「上の字様」が、防火や火傷《やけど》除けとして大流行した。

屋敷地は明治時代には子爵渡邊国武邸となり、昭和初期には近隣住民に開放され憩いの場として親しまれた。しかし１９３０年代半ばに、屋敷は手放されて分譲地となり、池の周囲は石垣で囲まれる。戦後さらに所有者が変わると池は立ち入り禁止となった。ただ、近所の子どもたちは忍び込んで虫取りやザリガニ釣りなどを楽しんでいたようだ。

だが、１９７２年には池の北側を埋め立ててマンションが建ち、池は居住者専用の庭として囲い込まれてしまう。そして１９９０年代に入ると、どんな旱魃の時でも涸れたことがないといわれた池の湧水は、ほとんど涸渇してしまった。さらに２００２年にはマンションの建て替えによりさらに埋め立てられ、明治初期に１６００平方メートルあった池は、現在６００平

④2010年代前半まで、宮村児童公園では擁壁に湧く水を溝で集め、小さな池に溜めていた。現在水はほとんど涸れてしまい、池も埋め立てられている。

⑤谷底の路地から元麻布ヒルズフォレストタワーを望む。路面の雨水桝には崖下に湧く水が音を立てて流れ込んでいる。

⑥がま池からの小川跡。大谷石の擁壁が風情を出している。路地の細さに比してマンホールの縁塊の大きさが目立つ。

方メートルほどに縮小している。

マンション建て替え時に約束された池の公開は、所有者が変わったことでうやむやになった。一時期は池の南側にあったコインパーキングから辛うじて水面を眺めることができたが、現在は建物が建ち、見ることはできなくなっている。

池の北側に続く谷には、がま池から小川が流れ出ていた。谷底の一角、宮村児童遊園の崖下にはわずかながら湧水が残っている（写真④）。公園の西側はさらに一段下がっており、行き止まりの細い路地が何本か延びていて、谷を取り囲む台地上の風景とは対照的に、以前は麻布界隈のあちこちで見られた下町風の古い町並みが、今も残っている（写真⑤）。隣接する本光寺《ほんこうじ》の土地で、明治時代前半までは水田だった場所だ。一帯の地下水位は非常に浅いといい、路地の雨水桝《うすいます》には、住宅地裏側の崖下から流れ出した湧水が注いでいる。がま池から流れ出した小川は、これらの湧水も集め、公園と町並みの境目を北上していた（写真⑥）。昭和

⑦人がすれ違えないくらい狭い暗渠。崖の上は高級マンションとなっており、崖下とは対照的だ。

⑧旧宮村町と旧櫻田町の境界。水路の跡が、今でも家屋の間の不自然な隙間として残る。

⑨鉄板で蓋をされた隙間。かつての水路との関係は不明だが、ちょうど重なる位置にある。

初期までには暗渠化されたようだが、谷底に細く続く路地となってたどることができる（写真⑦）。

旧・麻布宮村町―ひそかに流れ続ける湧水の川

がま池からの流れは狸坂《たぬきざか》のたもとまで抜けたのち、別の小川と合流していた。こちらの川は、今でも途中の区間に水路が残り、しかも台地の崖下から湧き出す水が流れている。六本木や麻布十番といった華やかな街の片隅に奇跡的に残るこの小川は、旧・麻布宮村町と旧・櫻田町《さくらだちょう》の境界（元麻布3―1付近）から始まり、「内田山」と呼ばれる台地の南側を回り込むように流れていた。上流には家屋のあいだに今でも不自然な隙間が残っており（写真⑧）、さらに北側の台地上にもわずかな痕跡が残る。こちらは尾根上の雨水や排水を水路に落とすために、人工的に上流側に延長した排水路だと思われる。

　少し下流に向かった崖下には、水路のあった場所に鉄板の蓋掛けが見られる（写真⑨）。この付近から、

⑩元麻布三丁目緑地の宮村池ビオトープ。崖下の小川から水を引き込んでいたが、近年は水量が足りないのか、水が途絶えていることが多い。

⑪古い大谷石で護岸された崖下の小川。奥では水路をせき止め、パイプでビオトープへ送水している。（※現在は水路に近寄れない）

⑫崖下の小川。明治以前から、ずっとこの場所を流れ続けている。

谷が深くなっていく。谷底を埋めていた民家はバブル期に取り壊されたのち、２００１年（平成13）には低層の高級マンション街区となった。整然としてきれいだが、どこか郊外の新興住宅地を思わせ、周囲の町並みとは隔絶された空間となっている。

その東側裏手の崖下に、水路跡の隙間が細長く続いている。マンションに阻まれてなかなか川跡の様子をうかがい知ることができないが、わずかに確認できそうな場所から覗くと、大谷石の擁壁の下に、澄んだ水がさらさらと流れてる小川が見える。水は途中のどこからか湧き出しているようだ。

街区の南東角まで行くと、崖下にぽっかりと、わずかな民家と空き地に囲まれた一角が開け、その傍らに小さな緑地「元麻布三丁目緑地」がある。２００１年（平成13）に整備されたビオトープで、その中核をなすのは地元の小学生たちにより「宮村池」と名づけられた小さな池だ（写真⑩）。メダカやアメンボが泳いでいるその水は、崖下の小川から引き入れられているが（写真⑪）、残念ながら、近年では湧水量が減り、水が届かなくなっていることが多いようだ。

狸坂下の五差路近く、がま池からの流れが合流していた地点付近で、再び崖下を流れる川の流れが確認できる。坂の途中の欄干から下を覗き込むと、数メートル下を川が流れている（写真⑫）。明治期の地図とまったく同じ場所を、まったく同じように水が流れるその姿は、なかなか感動的だ。ちょうど欄干の下で下水に落ちているようで、水の音が絶え間なく響いている。

これより下流は暗渠となって崖下に続く。暗渠の下水は建物の裏手を通っていてしばらく近づけないが、麻布十番の外れの、吉野川と合流していた地点の手前で姿を現す（写真⑬）。凸凹したつぎはぎコンクリートで覆われた水路跡の路面のあちこちにはマンホールが無造作に設けられ、擁壁からは排水パイプが突き出している。

⑬吉野川に合流する手前の暗渠。東京都下水道局の管理用地になっている。

麻布十番の暗渠と柳の井戸

芋洗坂の吉野川、藪下の流れ、旧・麻布宮村町の流れは麻布十番で一つにまとまり、東へと向かう。にぎやかな麻布十番通りの裏手に暗渠の細い路地がひっそりと残っている（写真⑮）。路地は途中で途切れてしまうが、本来は旧・宮下町と旧・新網町の境目からク

⑭建物の左側、砂利敷の空間が、藪下からの流れの跡だ。

⑮麻布十番通りの裏手を、吉野川の暗渠が抜けていく。

ランク状に曲がり、その後は十番商店街の南側に沿って幅２メートルほどの流れとなって古川に合流していた。商店街の通りに架かっていた「網代《あじろ》橋」の親柱《おやばしら》が、麻布十番稲荷の敷地内の片隅に保存されている（写真⑯）。境内にはがま池の伝承にちなむカエルの石像があり、あの「上」の字を書いたお守りが売られている。

吉野川は１９２８年（昭和３）に暗渠化された。古川一の橋のたもとの合流地点には、その際に造られたかまぼこ型の吐水口が、当時の姿で残っている（写真⑰）。橋の傍らの一の橋公園の場所には、戦前までは銭湯と活動写真館があり、銭湯の前には水が吹き上げる井戸があって名水として知られていた。公園には付近の地下ケーブル敷設時に湧出した水を利用した噴水が設けられており、２０２３年の再整備時には、古川に落ちるブリッジ噴水も新設された。出方は違うが、同じ水脈のものなのだろうか。

吉野川の暗渠から離れ、麻布十番商店街から雑式通りを南へ３００ｍほど進むと、８２４年開山の古刹である麻布山善福寺にたどり着く。その参道には、古く

⑯麻布十番稲荷の境内に保存された保存された網代橋の親柱。1902年（明治35）の竣工だ。

⑱善福寺柳の井には、今も澄んだ水がこんこんと湧き出ている。流れ出す水に、水草が渦を巻く。

⑰一の橋のたもとの吉野川暗渠合流口。感潮域のため、満ち潮の時には暗渠内まで水が入り込む。一の橋公園の再整備で、湧水を利用したブリッジ噴水ができた。

から名水として知られる「柳の井」（楊柳水）がある。弘法大師《こうぼうだいし》が地面を錫杖《しゃくじょう》で突いたところ湧き出したとの伝承が残り、今でも石で覆われた井戸から、水が自噴している（写真⑱）。２０１１年（平成23）の調査では、湧水量は毎分11～17リットルとなっている。今の水量からはあまり想像できないが、関東大震災や東京大空襲の際には、貴重な水源として近隣の住民の困窮を救ったという。

柳の井戸から溢れ出た水は、善福寺の参道の側溝を伝って流れていく。かつてその先は、旧・網代町内を流れていた水路へとつながり、吉野川に合流していた。今では区画整理によりその水路の痕跡はまったくなくなり、湧水は残念ながら下水へと落ちているようだ。

麻布十番・六本木のような大都市の片隅にも、こうして水の記憶は息づいている。ひそかに残る水は10年後、20年後も同じように流れ続けているだろうか。

9 「清正の井」から流れ出す川と暗渠――都心に残る原風景【渋谷区】

渋谷川の源流の一つ「清正の井」

ここまで都内各地の暗渠を紹介してきたが、最後に、川が流れていた頃の風景が今なお都心の真ん中に残っている場所をたどってみよう。

新宿、原宿、渋谷と都心部を流れる渋谷川水系の大部分は今や暗渠となっている。しかし一方で、新宿御苑の池などいくつかの源流部は、今でも水が湧き出し、川の面影をとどめている。JR山手線原宿駅に隣接する明治神宮境内にある「清正《きよまさ》の井《せい》」を水源とする南池《なんち》と、そこから流れ出る川もその一つだ。

明治神宮の広大な敷地内の南寄りに、日本式庭園「明治神宮御苑」がある。敷地にはいくつかに枝分かれした細長い谷戸《やと》が東側から食い込んでおり、その最奥の窪地に「清正の井」が湧き出している（写真①②）。「土木の神様」の異名を持つ加藤清正が掘ったとの伝承がある井戸だ。御苑の庭園は明治神宮のできるはるか以前、一帯が加藤家の下屋敷だった江戸初期に造られており、このことから清正に結びつけられたのではないかともいわれている。ただ、その真相は不明だ。

「清正の井」は一見すると縦に掘られた井戸に見えるが、実際には井戸の底ではなく、木枠の横にある穴から水が湧き出している。修繕の際に行われた調査では、井戸の北側、明治神宮本殿近辺の浅い地下水脈が流れ来ていることが判明した。もともとあった谷頭型《こくとう》の湧水に、水を利用しやすいよう手を加え、横井戸としたのだろう。

2000年代後半から、清正の井は「パワースポット」として人気を呼んだ。泉の写真を携帯電話の待ち

②井戸は台地から４メートルほど下った、三方を斜面に囲まれた谷頭に設けられている。

①清正の井。埋め込まれた円筒の木枠から澄んだ水が溢れ、流れ出している。

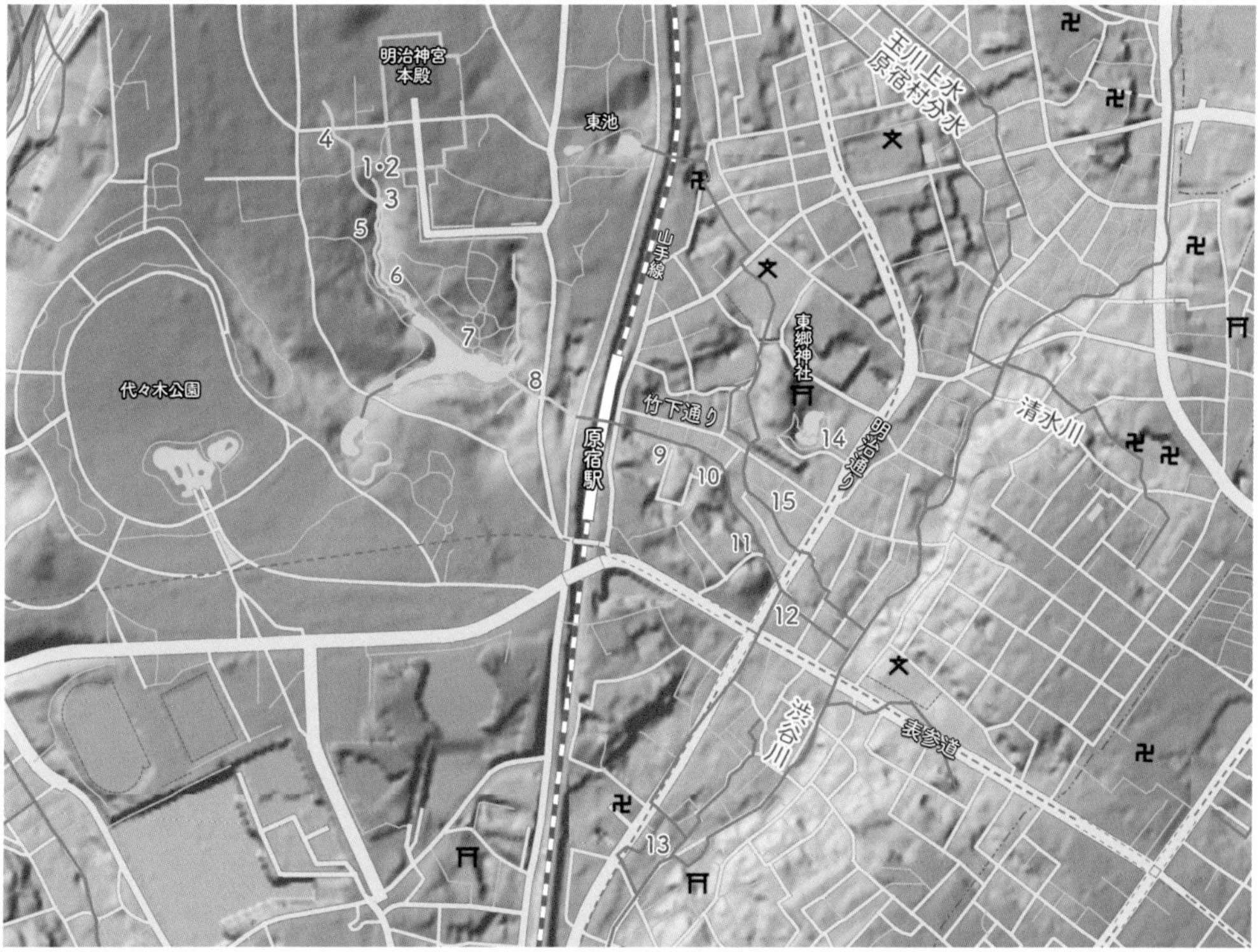

受け画像にすると幸運が訪れるというインスタント御利益を求め、一時期は行列ができるほど混雑していた。この泉を流れ出た川が、原宿駅の下を抜けて渋谷川に注いでいたということを、どれくらいの人が知っていたのだろう。

武蔵野の原風景

井戸から溢れ出た水は丸太で整えられた細い小川となって下っていく（写真③）。御苑の中からは見えにくいが、林の中には西側にもう一筋、水路が流れている（写真④）。こちらにはふだんは水は流れていないが、明治神宮本殿西側の森の中から続いていて、清正の井からの小川に合流している。

小川は谷底に出ると、両端に二手に分かれて流れていき、その間に挟まれて菖蒲田《しょうぶだ》が連なっている（写真⑤⑥）。武蔵野台地に刻まれた川跡を追っていくと、平坦な谷底の両側に暗渠が残っていることがよくある。暗渠に挟まれた細長い土地は、かつては水田だった。ここにはその風景が今もなお残っている。

水田と小川だけではなく、それを取り囲む林もまた、往時の風景を残す林だ。明治神宮の森は大正時代に植樹された人工林だ。１００年かけて照葉樹林に遷移するよう、計画的に植樹された（実際には70年で遷移）。

しかし、神宮御苑となっている部分だけは、江戸時代の加藤家の庭園が、井伊家、明治時代の皇室御料地、そして明治神宮と所属が変わっていく中で、そのまま引き継がれてきている。その結果、人工林に囲まれる中に、武蔵野の自然林が現在まで生き残ってきた。原宿駅周辺の喧騒からわずか数分の距離に、このような武蔵野の田園風景が残っているのは奇跡的といえよう。

南池と渓谷

菖蒲田の下流側には「南池」が鬱蒼とした森の中に水を湛えている（写真⑦）。池にはほかに、北東からも細い谷筋の水が合流し、代々木公園との境目となっ

④明治神宮の西側から続く水路は大雨の後などだけ水が流れている。

③湧き水は流れをなし、細い水路を谷底へと流れていく。

⑥菖蒲田の両側に沿って、土留めの板に挟まれた水路を水が流れる。毎年6月には咲き誇る菖蒲を見に多くの見物客が訪れる。

⑤谷戸地形を利用した菖蒲田。最奥部に清正の井がある。どこかの山里のような風景だ。

⑦明治神宮内の池で最大の南池。清正の井の水は菖蒲田を経て南池に注ぐ。

⑧神橋から見下ろす南池からの川。渓谷風に造園されている。

⑨原宿駅をくぐった先、川は暗渠となり風景は一変する。暗渠沿いには小洒落た店舗が点在している。

⑩南側の丘からの坂道が暗渠を横切る。かつては橋だった場所に段差ができ、階段となっている。

ている谷筋からも、公園の池（地下水汲み上げ）の水が注いでいる。

これらの水を合わせて水量を増した川は、池から流れ出し渓谷を下っていく。原宿駅方面から神宮本殿に向かう参道に架かる「神橋」から、その流れを見下ろすことができる（写真⑧）。自然林の再現をめざした神宮の森であるが、この川沿いだけは、谷底の荒地だったところに庭石を配して、渓谷風に造園されている。美しい流れだが、残念ながら山手線の原宿駅ホームに突き当たる手前で、地中にその姿を消してしまう。

暗渠へと一転する景観

原宿駅の東側、竹下通りの入り口に立つと、通りが谷になっていることがよくわかる。そして竹下通りに入った少し先、南側の路地裏に入ると、そこに先ほど姿を消した川の続きが、煉瓦《れんが》色のタイルで舗装された暗渠路地となって現れる（写真⑨）。路地には区間により異なった名前がつけられていて、このあたりは「ブ

⑪コンクリート護岸の遺構。途中切り取られているが、その先に再び続いている。

ラームスの小径《こみち》」とされている。

竹下通り一帯は、今の様子からはまったく想像がつかないが、明治時代後期まで水田が連なっていた。その南側の縁を流れ、田を潤していたのがこの暗渠となった川だ。先の菖蒲田の規模を大きくしたものを想像していただくとイメージがつかめるだろう。

川が暗渠となった1960年代半ばの竹下通り一帯は、ありふれた住宅地だった。賑わいを見せ始めるのはさらにその10年後だ。今では小洒落《こじゃれ》た名前をつけられた暗渠には、人通りが絶えない。そんな足元では、通りのわずかな曲がり具合や、古びた大谷石の擁壁、飛び出す継ぎ手排水管といった痕跡が、川だったことを控えめに主張している。

フォンテーヌ通りからモーツァルト通りへ

暗渠を跨ぐ道路が嵩《かさ》上げされていて、階段をアップダウンして越える形になっている地点より先、暗渠は「フォンテーヌ通り」と名を変える（写真⑩）。暗渠沿

⑫渋谷川合流直前の区間。その曲がり具合にはかすかに川の名残がある。

⑬神宮前交差点付近で分岐し南下していた分流は、渋谷川への合流地点がＹ字路となって残っている。

いの商業施設にある噴水がその名の由来だ。しばらく下っていくと、川が流れていた頃に造られたコンクリート護岸が残っている。風化し苔や雑草に覆われたテクスチャーが趣深い（写真⑪）。

暗渠沿いの谷はやがて両側が開け、渋谷川沿いの低地に出る。谷の出口には「モーツァルト通り」の表示があり、脇の病院の玄関上にモーツァルトのレリーフが飾られている。要はそれぞれが好き勝手に川からかけ離れた名前をつけているということなのか。

すぐ先で明治通りに出ると、その先はあまり川跡らしからぬ道となって渋谷川の暗渠に至る（写真⑫）。この区間は戦前には暗渠化されていた。渋谷川の手前で道がなくなってしまうため、合流地点はわからなくなっている。

分流ともう一つの川の痕跡

なお、明治末頃までは、神宮前交差点近辺に架かっていた「飴屋橋」のところから、分流が南下していた。

こちらは渋谷川沿いの水田の灌漑用に引かれた水路で、穏田《おんでん》神社近辺で渋谷川に合流していた（写真⑬）。

また、明治神宮東池を水源とする川もあり、清正の井からの川と並行して流れていた。竹下通りの北側、東郷神社の「神池」はこの川の水を引き入れていた（写真⑭）。「神池」は東郷神社が設立される以前、鳥取藩主であった池田氏の屋敷だった頃からあり、かつては８００坪あまりの広さがあった。東池からの川は、池のある窪地の隣の谷を流れており、あいだを隔てる丘を暗渠で抜ける分水を造って水を引き、池に滝を落としていたという。こちらの川は昭和初期にはほとんどが暗渠となり、現在は一部の区間だけが路地として残る（写真⑮）。

現在多くの人で賑わう竹下通りや明治通りのあたりは、わずか１００年前は水田の脇に水路がいくつも流れるのどかな風景だった。清正の井から原宿駅までの区間は、今もその面影を残し、ほぼそのままの姿を保ち続けている。一方で、原宿駅からの暗渠の区間は、絶えず風景が変貌し続けていて、数年前の様子すら思い出せないほどだ。一つの川沿いの風景が、山手線を境に、がらりとまったく対照的に切り替わるその様子は、東京の水をめぐる風景の中でも象徴的だ。

⑭東郷神社東池。かつては倍以上の広さがあり、冬には鴨の群れが飛来していた。

⑮明治神宮東池からの川は暗渠化の際大幅にルートを改変されており、ここの区間のみ痕跡の路地が残る。以前は木々が鬱蒼としていた。

終章　暗渠へのまなざし

暗渠をひもとく三つの軸
―景観・空間・時間

ここまで、第1部では暗渠の持つ空間的な広がりとつながりを、第2部では時間軸に沿いつつ川が失われて暗渠となっていった過程を、第3部では再び景観を起点とし、暗渠に潜む川と土地の記憶を、それぞれ概論と、都内各地の暗渠の実例によってひもといてきた。最後に改めて、これらの観点を整理してみよう。

第一に、景観として見たときの暗渠だ。暗渠は、それぞれの場所において、ある特定の視点から見た二次元的な風景の中に潜む違和感として、私たちの視覚に捉えられる。そして、ひとたびそこがかつての川だったと意識すると、なにげなく見過ごしていたさまざまな風景の中にも、ときにはひそかに、ときにははっきりと、失われた川の痕跡が残されていることに気づく。

第二に、空間として捉えたときの暗渠だ。暗渠をたどることで、景観は連続的に移動する視点によって、シークエンス（連続性・順序・流れ）をかたちづくっていく。その過程の中では、今まで個別のものとして捉えていた地点や風景が、暗渠に気がつくことで、一つの水のラインに関連づけられていくといったことも起こるだろう。暗渠をたどることは水の流れに沿って地形をなぞることでもあるから、それらは高低差でソートされたシークエンスとなっている。

川がいくつもの支流を集めて大きな流れにまとまっていくのと同じく、暗渠もいくつもの支流を集め、いまも流れている川や、海へとつながる水系をなしている。それは空間的な広がりを持った、失われた水のネットワークだ。こうして、暗渠への静止したミクロな視点は、俯瞰《ふかん》的なマクロなまなざしへと拡大される。そして、私たちが日々を過ごしている東京の地理空間を覆う、鉄道網や道路網とは別の、今まで見えていなかったレイヤーが立ち上がってくる。このレイヤーの中でも特に、人が川とのかかわり合いの中でつくりあげてきた「水路網」に着目することで、東京の街の見え方が大きく変わるだろう。

第三に時間の積み重なりとして捉えたときの暗渠だ。暗渠の風景やそこに広がる空間の背後に積み重なる時間をひもといていくことで、暗渠はまた別の姿を見せる。暗渠化の歴史は人と川とのかかわり方の変遷の歴史であり、特に東京ではその都市の発展と拡大の歴史のネガでもある。しかし暗渠に積み重なる時間は決してそれだけではない。地殻変動、海進・海退、堆積と侵食といった、数万年単位の自然史。地域の開発、都市や集落の発展過程、災害といった地域の歴史。そして個人個人の持っているささやかな記憶や、世代のあいだで語り継がれるような、そこに暮らした人々の個人史。暗渠には多種多様なスケールを持った時間軸が重なり合っている。

こうして景観から空間へ、空間から時間へと軸を変えながら暗渠を追っていったのちに、再度、景観としての暗渠へと立ち戻ったとき、その風景の中に見られる川の痕跡は、たんなる痕跡ではなく、土地にまつわる空間や時間の記憶を表象する景観として見えてくる。

本書ではそのような景観を「暗渠スケープ」として捉えた。「暗渠スケープ」は、暗渠に秘められた土地の空間的な広がりと時間的な奥行きが、片鱗として景観に現れたポイントなのだ。

そして、これらの暗渠をひもといていくうえでの「景観」「空間」「時間」という三つの軸は、そのまま暗渠を愉《たの》しむ三つのアプローチ手法であるともいえる。

三つのアプローチを通じた暗渠の愉しみ

2000年代半ば頃以降、「まち歩き」が注目を浴びている。特に、従来の「歴史」や「史跡」に重きを置いた「散歩」に加えて、地形を興味の中心に置いた「フィールドワーク」的なスタイルが浸透していく中、暗渠を意識したものも増えてきた。

また一方で、ダムや地下水路・マンホールなどの土木施設への「鑑賞対象」としての注目や、廃墟・団地・銭湯などへの、ノスタルジーとは別軸からのアプローチも定着して久しい。このような流れの中でも、暗渠への注目度が高まってきている。

これらは、いってみれば暗渠を愉しむ「景観」「空間」「時間」の三つの軸いずれかからのアプローチをとっているといえるだろう。路上で目にする、暗渠固有の遺構や構造物への着目から興味を持ち、探っていくよ

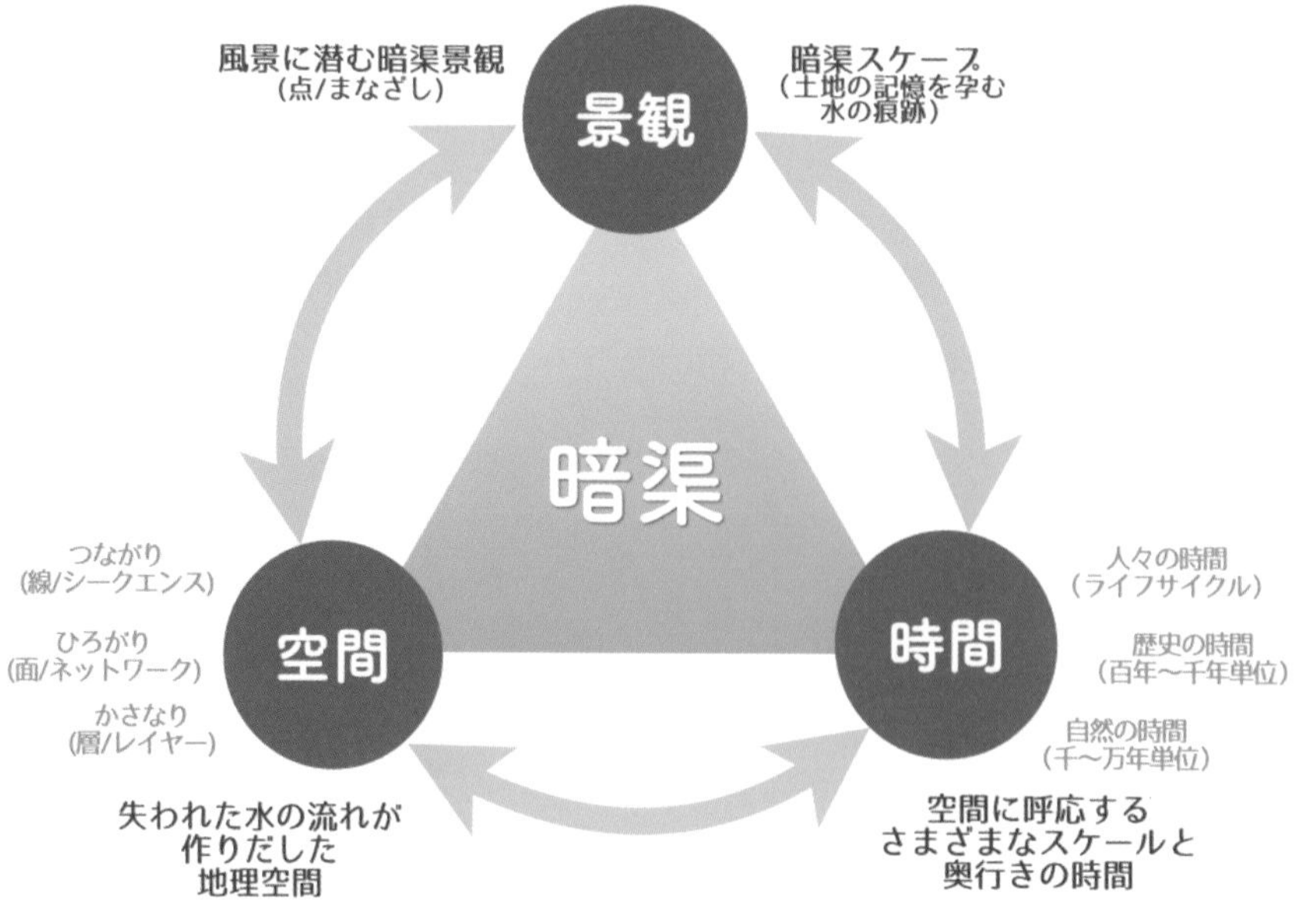

うな路上観察学的なアプローチもあれば、地図や地形への興味からたどっていくようなアプローチもある。また、土地の持つ歴史への興味から暗渠をたどる場合もあるだろうし、暗渠沿いの鄙《ひな》びた風景に、廃墟に通じるものを感じ取る人もいるだろう。

ただ、いずれにしてもいえることは、暗渠に対して距離を置いて「鑑賞」するのではなく、その中に身を置いて感じること、いわば暗渠を体感し、経験し、身体化することが、暗渠を最大限に愉しむうえでの要諦《ようてい》ではないか。

街で暗渠らしき風景を見かけたとき、地図で暗渠らしき路地を見つけたとき、見るだけでなく、実際にそこをたどってみることで、視覚は身体感覚へと変容する。微妙な高低差、湿度の高い路上、周囲と異なる独特の空気は歩いてみて初めてわかることだ。そしてときにはそこに暮らす人たちから直接、水にまつわる記憶を聞くような体験もあるだろう。これらの身体感覚を手がかりに、さらに地図や資料などを助けとして、目の前にある暗渠をたどりながら、目に見えない土地の記憶を視《み》ること、想うことで、より深く暗渠を味わうことができるだろう。そして、そこからは愉しみだけではなく、哀しみも感じられるかもしれない。

暗渠はいわば、レコードに刻まれた溝のようなものだ。暗渠をたどるということは、針となってその溝をトレースするということだ。そのとき溝から再生されるのは、暗渠に澱《よど》む、今は失われた水をめぐる記憶たちだ。

暗渠をたどることは、土地の記憶を再生し履歴をひもといていくという経験である。それは、目の前の風景を新たな視座から捉え直すという体験にほかならない。

誰かが、そこが川だったことを覚えている限り、川は水面をなくしてもなお流れ続ける。自らが水となり川となって、かつてそこに流れていた川をたどってみようではないか。

謝辞―あとがきにかえて

本書の出版に至るまでに、様々なかたちで多くの皆様のご協力をいただきました。

まずは、２０１７年刊行のオリジナル版をお読みいただいた皆様に、心から感謝申し上げます。改訂版の刊行は、オリジナル版へのご支持のおかげで実現しました。また、寄せられた様々なご感想やご意見は、今回の改訂において非常に参考にさせていただきました。

次に、実業之日本社の磯部祥行さんには、改訂版の刊行の機会を与えていただき、心よりお礼申し上げます。オリジナル版から6年が経ち自分の叙述スタイルも変化した中で、どこまで踏襲するべきか逡巡がありましたが、そのままでも違和感はないというご意見は、大いに後押しとなりました。

そして、ＮＨＫ文化センターを始めとするさまざまな野外散歩講座にご参加いただいた皆様に、心から感謝申し上げます。本書に掲載した暗渠の半数以上は、講座で取り上げられたものであり、配布資料や皆様からのフィードバックを、今回の改訂に反映させています。

さらに、ＮＨＫ第二放送『日曜カルチャー』（２０２３年1月放送）をお聴きいただいた皆様にも感謝申し上げます。全国放送の番組で、東京ローカルのテーマを、しかも音声のみでいかに伝えるかを試行錯誤した結果は、各部の概論の改稿に結実させることができました。

友人の青木詩織さんには、今回アシスタントとして改訂作業にご協力いただきました。オリジナル版における文体に起因する難しさを大幅に改善できたことに、心から感謝申し上げます。

最後に、本書をお手にとってくださった皆様に、心からの感謝を申し上げます。本書を通じて、暗渠歩きの愉しみが伝わり、皆様の日々に少しでも彩りを添えることができたならば幸いです。

主要参考文献

【全般（地理・歴史・地図など）】

貝塚爽平『東京の自然史』講談社学術文庫　2011年

榧根勇『地下水と地形の科学』講談社　2013年

鈴木理生『江戸の川・東京の川』井上書院　1989年

東京市役所編『東京市史稿 上水篇 第二』1919年

小坂克信『近代化を支えた多摩川の水』とうきゅう環境財団　2012年

小坂克信『玉川上水の分水の沿革と概要』とうきゅう環境財団　2014年

東京下水道史探訪会編『江戸・東京の下水道のはなし』技報堂出版　1995年

石原成幸「東京の中小河川の都市計画に関する歴史的経緯」（東京都土木技術支援・人材育成センター編「平成21年度 東京都土木技術支援・人材育成センター年報」所収）2009年

中村晋一郎・沖大幹「36答申における都市河川廃止までの経緯とその思想」（土木学会水工学委員会編『水工学論文集 第53巻』所収）2009年

東京都下水道局編『東京都下水道事業年報』2008年

大田区郷土博物館編『大田区まちなみ・まちかど遺産／六郷用水』2013年

中央区立京橋図書館編『郷土室だより 第69号』1990年

「全住宅案内地図帳」（1965年～）、「航空住宅地図」（1973年～）、「ゼンリンの住宅地図」

大日本帝国陸地測量部「一万分の一地形図」各版（1909年～）、地理調査所「一万分の一地形図」各版（1957年～）、国土地理院「一万分の一地形図」各版（1984年～）

井口悦男編『帝都地形図：1922―47』之潮　2005年

【第1部第2章　新川と大泉堀（白子川上流部）】

保谷市史編さん委員会編『保谷市史 通史編 3』1989年

田無市企画部市史編さん室編『田無市史 第3巻』1995年

保谷市総務部防災課ほか編『白子川を知っていますか―水辺再生に向けて―』1994年

吉村信吉「東京市西郊保谷村上宿附近の地下水堆と聚落、浅い窪地」（「地理」第3巻第1号所収）1940年

吉村信吉「武蔵野台地東部大泉地下水瀑布線及び付近諸地下水堆の地下水精査（2）」（「地理学評論」第19巻第12号所収）1943年

吉村信吉「武蔵野臺地東部大泉、保谷附近臺地の浅い窪地地形」（「地理学評論」第19巻第5号所収）1943年

北多摩郡保谷町役場「保谷町原図（上保谷）」1876年

【第1部第3章　鮫川～桜川】

安本直弘『改訂 四谷散歩 その歴史と文化を訪ねて』みくに書房　1998年

河畠修『福祉史を歩く 東京・明治』日本エディタースクール出版部　2006年

新宿区教育委員会編『地図で見る新宿区の移り変わり 四谷編』1983年

永井荷風「日和下駄」『荷風随筆集（上）』岩波文庫　1986年

紀田順一郎『東京の下層社会』ちくま学芸文庫　2000年

【第1部第4章　前谷津川】

徳丸石川土地区画整理組合『徳丸石川土地区画整理事業完成記念誌』1991年

板橋区立高島第一小学校『講演集 高島平学事始』1991年

板橋区教育委員会社会教育課文化財係『いたばしの河川 その変遷と人びとのくらし』1987年

板橋区立郷土博物館『高島平 その自然・歴史・人』1998年
板橋区建築環境部公害対策課『板橋の水辺を考える快適環境懇談会の提言から』1988年
板橋区役所土木部「管理者別道路参考図（2004年4月現在）」
緑生研究所・板橋区『板橋区湧水・水系実態調査報告書』1991年
板橋区生活環境部公害対策課『河川調査結果報告書』1973年

【第1部第5章　三田用水とそこからの分水路】

三田用水普通水利組合『江戸の上水と三田用水』1984年
目黒区郷土研究会「郷土目黒 41号」1997年
品川区立品川歴史館編『品川歴史館資料目録 三田用水普通水利組合文書』1996年
山崎憲治「三田用水跡を訪ねて」（『めぐろシティ・カレッジ叢書3 地域に学ぶ―身近な地域研究から「目黒学」を創る―』二宮書房 所収）2003年
サッポロビール広報部社史編纂室編『サッポロビール120年史』サッポロビール 1996年

【第1部第6章　仙川のあげ堀】

佐藤敏夫『世田谷区上祖師谷・祖師谷誌』1993年
世田谷区生活文化部文化課『ふるさと世田谷を語る 烏山・給田』1997年

【第1部第7章　葛西用水西井堀】

葛飾区役所『葛飾区史』1970年
葛飾区役所『葛飾区史　増補』1985年
葛飾区教育委員会『葛飾の民俗シリーズ1 金町・南綾瀬の民俗』1987年
葛飾郷土と天文の博物館『特別展堀切菖蒲園―葛西花暦』1995年
葛飾郷土と天文の博物館『葛西用水―曳舟川をさぐる』2001年
葛飾郷土と天文の博物館『可豆思賀1 葛飾探検団調査報告書』2004年
葛飾郷土と天文の博物館『かつしかの地名と歴史』2005年
東京府南葛飾郡「東京府南葛飾郡全図」1905年
東京都建設局「三千分の一　亀有」1961年　1964年
東京都建設局「三千分の一　小菅」1961年　1964年

【第2部第2章　神田堀（竜閑川）・浜町川と神田大下水（藍染川）】

栗田彰『江戸の川あるき』青蛙房 1999年
下水道東京100年史編纂委員会編『下水道東京100年史』東京都下水道局 1989年

【第2部第3章　指ヶ谷と鶏声ヶ窪の川（東大下水）】

清水龍光『水 江戸・東京／水の記録』西田書店 1999年
東京市区調査会「東京市及接続郡部地籍地図（上巻）」1912年
東京逓信管理局「東京市十五区番地界入地図 本郷区、小石川区」1907年
東京郵便電信局「明治29年10月調査 東京市小石川区全図」1896年
小石川新聞社『礫川要覧』1910年
文京区教育委員会『文京区文化財調査報告書 安政年代駒込富士神社周辺之図及び図説』2016年
植村敏彦『東京 花街・粋な街』街と暮らし社 2008年
大石学監修／東京学芸大学近世史研究会編『千川上水・用水と江戸・武蔵野～管理体制と流域社会～』名著出版 2006年

【第2部第4章　谷沢川】

世田谷区立郷土資料館『世田谷の土地―絵図と図面を読み解く―』2015年

東京都世田谷区教育委員会『世田谷の河川と用水』1977年
世田谷区総務部文化課文化行政係『ふるさと世田谷を語る　用賀・上用賀・中町（野良田）』1992年
三田義春編「世田谷の地名 区域の沿革・地誌・地名の起源」1984年

【第2部第5章　立会川とその支流】

東京都立大学学術研究会『目黒区史』目黒区　1961年
品川区『品川区史 通史編 下巻』1974年
品川町『品川町史』1932年
倉本彦五郎編『品川用水沿革史』品川用水普通水利組合　1943年
品川区教育委員会『品川用水「溜池から用水へ」』1994年
品川区教育委員会『品川区史料（十三）品川の地名』2000年
大井町役場『大井町誌』1932年

【第2部第6章　小沢川】

高円寺パル史誌編集委員会『高円寺 村から街へ』1992年
杉並区教育委員会『文化財シリーズ19 杉並の地名』1978年
森泰樹『杉並郷土史叢書5 杉並風土記 中巻』杉並郷土史会　1987年
杉並区立郷土博物館編『杉並の川と橋』2009年

【第2部第7章　三ヶ村用水】

都市計画東京地方委員会「1万分の1地形図　調布」1941年
府中市企画調整部「武蔵府中叢書 4　府中の用水」1976年
府中市企画調整部「武蔵府中叢書 5　府中の町名地番」1977年
府中市教育委員会「府中市内旧名調査報告書　道・坂・塚・川・堰・橋の名前」1985年
東邦地形社「三千分の一　車返」1965年
東邦地形社「三千分の一　押立」1965年
東邦地形社「三千分の一　是政」1958年
東京都首都整備局「三千分の一　是政」1970年

【第3部第2章　神田川支流（玉川上水幡ヶ谷分水）】

新宿区教育委員会「地図で見る新宿区の移り変わり　淀橋・大久保編」1984年
堀切森之助編『幡ヶ谷郷土誌』1978年
渋谷区教育委員会編『渋谷の橋』1996年

【第3部第3章　仙川を渡る三つの用水】

小金井市誌編さん委員会『小金井市誌V 地名編』1978年
小金井市教育委員会『小金井市の歴史散歩（改訂版）』2008年
帝国市町村地図刊行会編『東京府北多摩郡小金井町土地宝典』1939年
小金井町・小金井町農業協同組合「小金井町町勢一覧」1955年

【第3部第4章　狛江暗渠ラビリンス】

狛江市史編さん委員会編『狛江市史』1985年
狛江市史編集専門委員会編『新狛江市史　資料編　絵図・地図』2019年
小町常治「狛江のふるさと巡り 試作版」2004年
狛江市中央図書館編『写真で見る昭和の狛江 市政施行40周年記念誌』2010年
狛江市企画広報課編『狛江 語りつぐむかし』1990年
k-press編集「わっこno.42」2007年2月号　狛江市市民協議課発行
k-press編集「わっこno.45」2007年5月号　狛江市市民協議課発行
野村義子「狛江市に存在した中小河川、用水、清水の調査」1986年
帝国市町村地図刊行会編『東京府北多摩郡狛江村土地宝典』1941年

【第3部第5章　練馬の谷戸の暗渠群】
塩入秀敏「ヤチ地名とケミ地名：長野県の湿地地名方言について」（『上田女子短期大学紀要 21号』所収）1998年
平野実編『郷土史研究ノート8 練馬区地名集』練馬郷土史研究会 1961年
北豊島郡編『東京府北豊島郡誌』1918年
練馬農業協同組合編『練馬農業協同組合史 第2巻』1980年
笹井泰造「東京府北豊島郡練馬町全図」1931年
部落解放同盟東京都連合会青年部「練馬の部落史」『都連青年部通信 2017年11月号』

【第3部第6章　石神井川の源流を探して】
大日本印刷株式会社CDC事業部年史センター編『小平市三〇年史』小平市 1994年
小平市中央図書館編『小平市史料集 第26集 玉川上水と分水4 水車 絵図』小平市教育委員会 2001年
小平市史編さん委員会編『小平市史 地理・考古・民俗編』2013年
小平市企画政策部編「小平市史別冊図録 近世の開発と村のくらし」2013年
小平市教育委員会「旧石器時代の鈴木遺跡」2021年
こだいら水と緑の会「用水路昔がたり」2002年

【第3部第7章　白子川於玉ヶ池支流と幻の兎月園】
東武鉄道社史編纂室編『東武鉄道百年史』1998年
「幻の兎月園を探る」（『月刊光が丘』1992年10月号』所収）協同クリエイティブ
練馬区編『みどりと水の練馬』1989年
山之内光治「光が丘の地歴図集 改訂増補」2007年
山之内光治「光が丘昭和時代の地図帳」2008年
山之内光治「練馬村の変遷図集」2008年
日本統制地図株式会社「最新 大東京明細地圖町界丁目界番地入」1941年
日本地図株式会社「新東京区分図 板橋区詳細図」1947年
練馬区立石神井公園ふるさと文化館『特別展 夢の黄金郷遊園地展 図録』2016年

【第3部第8章　麻布十番・六本木界隈の暗渠】
東陽堂「新撰東京名所図会第35編 麻布区1」1902年
東京都港区『新修港区史』1979年
稲垣利吉「十番わがふるさと」1980年
東京逓信局編「番地界入 東京市麻布区全図」1924年
港区教育委員会「写された港区3（麻布地区編）」2007年
東京市麻布区「麻布区史」1941年

【第3部第9節「清正の井」から流れ出す川と暗渠】
内山模型製図社編「東京市渋谷区地籍図」1935年
白根記念渋谷区郷土博物館・文学館編『特別展「春の小川」の流れた街・渋谷―川が映し出す地域史―』2008年

著者
本田 創（ほんだ・そう）

1972年東京都新宿区生まれ。東京大学文学部卒業。小学生の頃に貰った東京の古い区分地図で、川や暗渠の探索に目覚める。予め失われていた東京の原風景の記憶を求め、都内の暗渠や用水路跡、湧水などを探索。1997年より、その成果をウェブサイトにて公開。著書に『水のない川　暗渠でたどる東京案内』、編著・共著に『東京「暗渠」散歩　改訂版』『東京23区凸凹地図』『はじめての暗渠散歩』など。雑誌『東京人』や『文春オンライン』などのWEBメディアでの執筆、NHK文化センター、毎日文化センターなどでの講師も務める。

www.tokyoankyolabo.net

●本書は『東京暗渠学』（洋泉社刊、2017年）を大幅に改訂して新たに刊行するものです。
●本書本文に掲載した地図は、著者・本田創が、国土地理院が提供するWEBサイト・地理院地図Vectorの「白地図」を編集し、「自分で作る色別標高図」にて標高別の彩色を行った上で、著者の調査に基づく暗渠・河川・上用水の水系情報を記載し作成しました。本書掲載の水系の情報の無断転載を固く禁じます。

装丁…杉本欣右
本文デザイン・DTP…株式会社千秋社
地図制作…本田 創
編集…磯部祥行（実業之日本社）

失《うしな》われた川《かわ》を読《よ》む・紡《つむ》ぐ・愉《たの》しむ
東京暗渠学《とうきょうあんきょがく》 改訂版《かいていばん》

2023年11月21日　初版第1刷発行

著　者　本田 創《ほんだ そう》
発行者　岩野裕一
発行所　株式会社実業之日本社
〒107-0062
東京都港区南青山6-6-22
emergence 2
電話【編集】03-6809-0473
【販売】03-6809-0495
https://www.j-n.co.jp/
印刷・製本　大日本印刷株式会社

ISBN978-4-408-65057-9（第二書籍）